打造No.1大商場

商場規劃資深顧問

鄭麒傑 著

書泉出版社 印行

前言

零售業最早是由以物易物演變而來，從市集中各取所需。隨著時代進步和生活需求的提升，進而設點設店，再由小店群聚形成大商店街，小店變大店，演化出更進一步的超大型商場，從傳統的雜貨店到各種不同業態，多姿多彩的大商場，從實體店到虛擬網購，不斷地推陳出新。

零售業是一個不斷變化的行業，策劃師不斷突破自己的思維，向富有創造性的新方案挑戰，消費者期望有更新更多樣化的零售商場出現。它們是適合生活，充滿活力的社區場所，是人們享受購物樂趣，體驗生活時尚，感受娛樂、餐飲和流行趨勢的聚散地。

大型商場的經營不論任何種類、方式，其過程皆需經過籌建策劃、招商、營運三大階段，每階段都需要行銷企劃的配合，每個環節都會影響到事業的成敗。

一個成功的大型購物廣場都有其獨特的個性：

- 獨特的不同點：主題 THEME
- 優越的競爭力：定位 POSITION
- 商場形象統一：元素 ELEMENT

筆者畢生從事零售業工作達 40 多年，歷經舊時代傳統小店、現代化百貨公司、超級市場、量販店、專門店到購物中心等不同業態，都站在第一線工作，深感第一線的重要性與使命感。以往雖然有營業、採購、販促三大部門，但還是營業採購掛帥，販促部門配合，但現今大型商場從開始規劃到開幕以致往後的營運，行銷皆位居重要地位，商場需要行銷來舞動，許多營業總經理級主管莫不需要經過行銷的歷練。行銷不是寫寫海報、僅僅編輯廣告傳單，它是市場推廣的策劃者，包括長短期銷售戰略、顧客服務、市場拓展、市場行銷、企業活動、販促活動、美工裝飾等等是一個動態的商業行為，絕非靜態的單純銷售。

全書內容注重籌建大商場的三大步驟：「策劃」、「招商」、「營運」，然後補充行銷、陳列及形象演出，內容涵蓋百貨公司、購物中心、倉儲量販等，對籌建大商場做出整體的經驗談，對未來趨勢提出觀點。筆者經歷多次大商場的籌備工作，深深體會到籌備過程的酸甜苦辣。剛開始的籌備階段總是最愉快的，一切重新開始，在規劃業態、動線和店舖位時如癡如醉，經常日夜不分。雖然時間壓力大，但也身心愉快〈老闆都很會拖，但一經決定會要求快速完成〉，等到招商期階段，這時候招商租賃問題特別麻煩，如何去招募到好的商家、如何把舖位租出、理想的專櫃落位……等，都是困難重重。往往大品牌不來，小品牌一大堆想要進駐。

　　一般而言和廠商訂約，常被廠商譏諷喻為「南京條約」，但有許多大商場面臨招商的困境，名牌招商不易，最後陷入免租金優待、特別優惠，甚至引發法律問題，業者最後成為「南京條約」的乙方，印證一句商場名言：「能欺侮廠商就欺侮他，不能欺侮廠商就要有被廠商欺侮的雅量」。如果有些大商場的背景是經營有年的大商場，原有的商家原有專櫃再利用，再開發新的品牌店，招商問題就容易得多。

　　大型商場開發不易，一般經營者分為零售商經營和地產商經營。零售商經營屬細水長流長打型，是傳統零售業經營者，強調百年經營、永續發展。另一種是地產商經營，屬急功近利短打型，租賃加銷售賣房產，短期內炒地皮賺取高利潤。在美國有「商業地產 REITs」基金會，以基金方式聯合地產商共同開發，除穩健收租外，再讓區域地價高漲收取暴利。反觀大陸房地產業發達，有許多房地產公司為銷售大樓或開發新社區，利用大樓底層營建購物廣場為號召，用以吸引房產訂戶，常因策劃不良、管理不善，造成許多商家糾紛，結果店開不起來，房屋也賣不出去，最後房地產被迫廉價轉讓，造成許多失敗的例子。因此要開辦大型商場，在開始的時候就要事先做好策劃，好的開始是成功的一半。倉儲量販因為大部分是自己進貨，貨品來源多沒有招商壓力，但有些大賣場兼設外場商舖，照樣有招商工作的難題。

筆者並非專業權威學者，不談艱深理論、不引述世界權威報導，完全是草根性、真刀真槍的實務工作，強調「實戰」經驗。個人面臨過商家舉白布寫黑字抗議，看過因招商不成大賣場被逼出讓，聽過某商場因生意不佳，整區商舖隔日撤光，見過大商場開幕只有 3 間店舖配合 Open，其他得都還在招商與施工中。記得有一次與大陸某專家開策劃會議，對方說：「籌備購物中心必需要考慮增設遊樂場以廣招來客」，言之有理，擲地有聲。我提出問題：「請問要如何招募到理想的遊樂場廠家，是否可以介紹那家品牌最適合？」專家想一下說：「全國有許多地方可以參考」，然後反問我該如何做？我回答：「據我所知以『湯姆熊』為第一優先，它的總部在上海，李老闆和葉總我認識。」我要說的是，一個策劃其招商工作人員，要具備有知名廠商的資源，而不只是空口談理論，出口說白話。

　　經營一家大型商場很不簡單，所有成員都像是商場交響樂隊的一份子，要順利地演奏一場交響樂章，需要成員同調合作演出，絕對不容忍各自放炮，各吹各調。大商場的經營成功決非偶然，大大小小事項都要面面俱到。我最敬佩的前老闆，台灣百貨之神「吳耀庭」先生，曾經一再告誡我們：「經營百貨，一針一線都不要放過」。大至營業方針、計畫、策略，小細節至商品販賣、陳列裝飾、廣宣販促活動、物業行政甚至垃圾桶的設計及擺放位置……等，都要注重。大商場的經營是靠大大小小的作業累積而成！

　　筆者早年曾經到日本東京伊勢丹百貨新宿本店，和西武百貨池袋本店實習，以及美國 COSTCO 見習。早期在高雄大統集團，後來在大陸東北、北京籌建大商場，包括大連勝利廣場、瀋陽大商新瑪特、中糧大悅城，北京國美廣場、東莞大麥客倉儲會員店，經歷多場硬戰，深感在擬定策略和執行過程中，所付出的心力與經驗是很寶貴的。由於國內一般書局少有商場籌劃書冊，筆者憑藉數十年大商場籌備、招商、營運經驗，目睹不少商場成功失敗的實例，累積不少實戰資料。剛好之前應國立高雄第一科技大學之邀，前往講授「大型商場的籌備與營運」課程，順遂編寫本書，對打造大商場做出整體的經驗談，提供多次和國外知名商業策劃公司的合作案例，對未來的趨勢提出觀點。

本書圖文並茂，有時候文字與理念寫了一大篇，卻無法讓人了解，還不如一張照片來得清楚。以前我碰過有位老闆他想要開設一家理想的賣店，開會時說在美國、在日本某地方看到的，結果說半天沒有人了解到是什麼樣子，這時候如果提出照片、圖片，那不就萬事 OK 嗎？從圖文中可以參考許多最新的資料，有些是我們正需要的，我曾經在某公司的資料室看到四萬多張照片，地點遍及世界各國，內容分門別類、鉅細靡遺，甚至連各種垃圾桶樣式也有。一張有價值的圖片，抵得上一千個字。「他山之石，可以攻錯」，攻為磨也，錯為磨刀石。意借助圖檔，填補自己的缺欠。本書中提供大量彩色照片，大部分是個人考察國內外先進商場所拍攝的圖片，精挑細選加上多張彩色圖表，採用右腦培訓方式〈圖檔〉用以加強說明瞭解，左腦有如一片容量很小的磁碟片，低速運轉容易記憶但容易忘，舊的不忘新的便進不來；但右腦就不一樣，是一個超大容量的晶片，具備超高速自動演算能力，看過讀過永生不忘，需要時馬上重現圖檔，有如彩色照片重現。商場開發者需要大量圖片作為參考，期望本書能提供給商場籌備、商場籌建、商業培訓、營運管理、行銷企劃、資訊服務……等相關人士參考，為零售業的發展做出貢獻，讓商場贏在起跑點，順利開店營運，成為地域 No.1 的大型店。

　　承蒙前大統同事吳昭道、吳金德、呂振雄等多位好友協助與指導，提供不少專業寶貴資料和圖片，使內容更加充實，專此致謝。

鄭麒傑　2014/01

目錄

前言......ii

第 1 章 認識 21 世紀的大商場————————001
01 大型商場的介紹......001
02 超大型商場的震撼......016

第 2 章 籌建大商場的宏觀條件————————021
01 背景條件......021
02 團隊人才......022
03 資金投資......023

第 3 章 大商場——策劃篇————————027
01 經營理念......027
02 策劃流程......032
03 設計概念......034
04 立地選址......035
05 市場調查......035
06 各項定位......043
07 賣場規劃......045

第 4 章 大商場——招商篇————————063
01 招商作業工作內容......063
02 招商作業流程......064

03 招商推廣階段......066

04 招商方案......066

05 招商戰略......067

06 店舖計畫與租金、物業管理費計算......077

07 店舖租賃及設櫃意向書、承諾書〈協議書〉、
合約書例......079

第 5 章　**大商場──營運篇**──────109

01 部門組織與部門職責......109

02 制定營運計畫、經營策略與推廣策略......118

03 商品分類與管理信息系統〈MIS〉......130

04 商場管理......137

第 6 章　**大商場──行銷篇**──────175

01 行銷是什麼......175

02 行銷的基本工作......179

03 行銷策略方案......181

04 預算與計畫......182

05 販賣......188

06 廣告......193

07 全年的行銷......210

08 對內行銷活動......210

09 國內外成功的實例......211

10 活動......232

第 7 章　商品陳列的演出————241

01　商品的陳列......241
02　V.M.D. 的認識......244
03　裝飾範例欣賞......257

第 8 章　顧客的第一類接觸————265

01　企業識別系統 CIS......265
02　標示系統 Signage System......274
03　大商場的形象演出......292

第 9 章　中國大陸、港澳、台灣大商場介紹————321

01　中國大陸大商場......321
02　港澳大商場......343
03　台灣大商場......350

第10章　零售業的發展趨勢————359

01　新零售業的概念......359
02　流通業的新趨向......360
03　開始觸電：零售業開始邁向虛實結合全管道的
　　電子商務時代......366

編後記......371

第1章　認識21世紀的大商場

01
大型商場的介紹

一、大型商場的種類

總面積在3-10萬平方公尺，超過為特大型商場
1. 流行百貨類：百貨公司、購物中心、購物廣場、地下街、暢貨中心
2. 倉儲量販類：倉儲量販店、批發會員店
3. 專業商品類：特定商品大型專賣店

二、大型商場的經營方式

1. 聯營扣點、業績抽成〈百貨公司〉
2. 租賃〈購物中心、購物廣場、地下街、暢貨中心、商品專賣店〉
3. 房產銷售〈購物中心、商業地產〉
4. 自營進貨〈倉儲量販店、批發會員店、商品專賣店〉
5. 複合方式〈結合不同經營方式〉

三、大型商場的介紹

百貨公司 DEPARTMENT STORE

1852 年在法國巴黎首先出現，孟瑪榭百貨公司以新式經營方式，有別以

往的雜貨店，商品訂價不二價出售，統一管理整體規劃，免費包裝、送貨並接受退貨，其企業化的經營頗受好評。

　　現代的百貨公司是名牌商品的大集會商場，以航空母艦的姿態出現，面積上萬坪以上，商品包羅萬象、名牌專櫃林立，以擁有世界頂尖名牌為傲。各項服務設備齊全，裝潢華麗，是民眾休閒生活、購物的好地方。

　　法國：LAFAYETTE、PRINTEMPS

　　英國：HARRODS、SELFRIDGE

　　美國：BLOOMINGDALE'S、MACY、DAYTON、NORDSTROM

　　日本：西武、三越、高島屋、伊勢丹、東急、SOGO、阪急、東武

▲世界第一家百貨公司法國孟瑪榭

▲中國第一家百貨公司：1901年哈爾濱秋林百貨，當初是由一位沙俄的猶太人建立秋林洋行，開業後大受歡迎，不久在東北各大城市發展多家分行。

▲臺灣第一家百貨公司 1932年：菊元百貨公司 (臺北) 臺北市榮町，現今衡陽路與博愛路口 (現為國泰世華銀行)。

▲臺灣第一家現代化的百貨公司 1948 年的大新百貨公司 (高雄) 當初裝設台灣第一部自動扶梯轟動全台，首次引進日式百貨管理並採用瑞典的收銀機，帶動台灣現代百貨的新紀元。

▲美國 MACY 梅西百貨 1858。

▲法國 PRINTEMPS 春天百貨 1865。

▲日本高島屋百貨 1919。

▼2009 年世界最大的百貨公司韓國釜山的新世界百貨公司。

◀英國 SELFRIDGE 百貨 1909。

〈引用自美國 MACY 梅西百貨、新世界百貨公司等官網圖片〉

中國：新世界、太平洋、王府井百貨、賽特、洋華堂、麥凱樂
臺灣：大統百貨、新光三越、崇光、遠東、漢神

超級市場 Super Market

Mr. Michael Cullen 1930 年在美國首開先例，於紐約州首先採用超級市場名稱 "KING KALLEN"，由於便利便宜，故發展快速，甚至推展至世界各地。

超級市場是傳統市場的改良者，販賣生鮮食品如蔬果、雞鴨牛豬羊肉、一般食品飲料、日用品、奶品、冰品、廚房用品、家電、小文具……等。

賣場乾淨明亮，商品開放式地陳列在貨架或冷藏冷凍櫃上，由顧客自由選取至櫃台結帳。臺灣第一家超級市場，為民國 60 年 9 月在臺北西門町開幕的中美超市。

美國：SAFEWAY、KROGER、LUCKY STORES、FOOD 4 LESS

日本：大榮、關西、伊德、紀伊國屋、SUMMIT、西友、藤越

中國：華聯、聯華、人本、大商
臺灣：全聯、松青、頂好、愛國、city super

造鎮型購物中心 SC (Shopping Center)

SC 是零售業大型購物中心，始創於美國，當初因地廣購物不便，在 1960～70 年代開始有初規模出現，經不斷擴充後才定型。它集合多種商業、服務業、相關行業及設備，占地甚大且備有特大停車場，集一切生活用品、休閒活動於一處，提供消費者購買大量食物，設備供長時間使用。70 年代後大量 SC 登場，近年來逐漸被都會型的 Shopping Mall 取代。

※特性：

SC 是一種綜合大型購物城，通常附帶大型停車場、餐廳、餐飲店、休閒設備、公園、遊樂場，屋外汽車電影院、銀行、醫院、合作社……等設施。通常建設在市郊或外地交通大道可達處，以大眾化全家購物族群為目標。

＊美國：EASTRIDGE S.C (California)
＊日本：玉川高島屋 SC、西武塚新購物中心、大榮 SC

大賣場 Hyper Mart

　　1963 年在法國巴黎一個髒亂的老市場，經改建成一間明亮淨潔的超大型市場，不僅販賣食品、生鮮產品，還販賣其他日常生活用品，是生活必需品的綜合店。開幕後反應極好並進軍美國，1989 年 12 月在臺灣高雄首先出現家樂福 Carrefour，由於備有大型停車場，採量販方式，商品低價出售，很受歡迎，該店可惜在 2013 年 12 月停止營業。

▲家樂福大賣場〈Carrefour〉。

　　法國：Carrefour

　　美國：WAL - MART

　　中國：好又多、樂購、易初蓮花、沃爾瑪

　　臺灣：大樂、大潤發、家樂福、愛買吉安、大買家、台糖

※世界零售業第一位的龍頭──WAL–MART 的奇蹟

　　創業：1945 年在美國阿肯色州創立第一號店

　　1960 年增加至 15 間店、1962 年正式稱為 WAL–MART 第一號店，至今發展至 15 國，擁有 2133 間店〈2000 年〉

　　創辦者：Samuel Moore Walton

　　經營理念：每日最便宜──Every day low price，以最低價格賣給顧客信賴的好商品。

◀美國沃爾瑪大賣場〈WAL MART〉。

▲英國特易購大賣場〈TESCO〉。

▲大潤發大賣場〈RT-MART〉。

▲大賣場就是大型超市，賣場寬大且種類眾多，中型貨架堆放大量商品。場內大量 POP 特價商
　品訊息，商品以民生基本用品為主，強調每天最低價。

▲大量生鮮食品、肉品、海鮮、蔬果與熟食是大賣場的賣點。

倉儲批發會員店 Wholesales Membership Store

　　倉庫型賣場，重量級的貨架陳列大量商品，採會員制，沒會員卡不能入場、所購買的商品通常成打販售或大量包裝，價錢都很便宜。

　　荷蘭：MAKRO

　　美國：SAM'S、COSTCO

▲店面高度 11 米、存貨堆放在貨架。

▲新鮮進口肉品。

▲大型冷藏櫃，其後是大型冷凍庫。

▲3C 電品大量陳列。

▲好市多會員店〈北高雄大順店〉。

     中國：大麥客、麥德隆、山姆店
     臺灣：COSTCO 好市多

※**特色：**

1. 理念：High quality、great value---Costco has it all！提供高品質低價位的商品與服務。

2. 經營特色：

   (1) 庫存快速周轉：同類商品只販賣暢銷品牌，如衛生紙有 10 種品牌，只販賣其中 2 種最好的，其業績反而比販賣 10 種品牌佳。

   (2) 低成本的賣場運作：賣場寬敞、整潔實用，裝潢不奢華。

   (3) 直接採購：直接向製造商採購，直接進口商品。

   (4) 儘量降低成本，減少庫存損失：嚴格管理會員卡，精確控制庫存。

   (5) 管控廣告費用：儘量減少費用，把費用回饋會員，致力口碑。

   (6) 最佳經營方式：自助式賣場沒有昂貴的管理費用，商品管理全電腦化。

都會型購物中心 Shopping Mall

　　類似 SC 但大部門位居市區或市郊,以大型建築物出現。

　　MALL 是一種新的複合型商業業態,以超大型的姿態出現,規模宏大,集購物、休閒、娛樂、餐飲、文化等於一體,包括百貨店、大賣場及眾多的專門店及其他設施。MALL 的特點有購物林蔭大道、庭院廣場、娛樂天地,不管天氣如何皆不影響休閒、購物或聚會。

Mall 有三大特徵:

▲美國購物中心。

1. 主題明顯:每個 Mall 都有明顯的主題,按照所在地點的人文、地理、條件及發展來決定主題,以此為中心全面展開,有關話題往往能吸引大眾注目。
2. 規模大:建地建築物大、廣場大、停車場大、總面積皆在 10 萬平米以上。
3. 多功能:各種設施齊備,有百貨公司、專門店、各形式賣店,集購物、休閒、娛樂、餐飲、文化於一處。
　　在亞洲由於地小價高,大多採取大樓方式,屬都會型的購物廣場,其中專門店雲集,還有百貨公司、名牌專門店、美食街、超市及食品專門店等。

百貨公司與購物中心的不同

項目	理念	營運	規模	銷售
購物中心	經營房地產 增值創價	只租不賣 收物業費	超大型 多店組合	吃喝玩樂 樣樣俱全
百貨公司	零售批發 單店發展	聯營抽成 統一收銀	中大型 專櫃攤位	百貨行銷 重視折扣

　　加拿大:WEST EDMONTON MALL〈全世界最大的購物中心〉。

　　美國:MALL OF AMERICA、WEST MINISTER MALL。

　　臺灣:台北 101、台茂、大江、微風廣場、台中老虎城、高雄統一夢時代。

　　香港:圓方廣場、金鐘太古廣場、青衣城、又一城、Mega Box、時代廣場。

▼北京國美廣場效果圖。

▼高雄夢時代購物中心。

▲百貨公司多專櫃攤位，中間部分放空調之「平場」，貨架採低架開放式，顧客可自由進出、一覽全場，呈現商品豐富感，可多樣挑選，賣場周邊才是各間名店。

中國：北京新東方、藍色港灣、上海港匯、環球城、恒隆廣場、大連新瑪特、廈門 SM 廣場、廣州天河城、正佳廣場、深圳萬象城。

購物中心由多店組合，集合眾多名店，採各自經營方式，每一店各有其特定顧客，店內街道寬暢，環境各具特色，集購物、休閒、遊樂、餐飲、交誼為一處的市民中心。

歐美大購物中心，內部除專門店街的大量商店外，還擁有多間著名百貨公司。

現今零售業各業態名稱眾多、型態混淆，百貨公司與購物中心由上述說明可大致分辨，但有一趨勢是百貨公司走向購物中心化，同時購物中心走向百貨公司化。

購物廣場介於百貨公司與購物中心之間，規模有大有小。

▲購物中心是購物名店街道。

▲宜家 IKEA。

▲特力屋〈台灣〉百安居〈大陸〉。

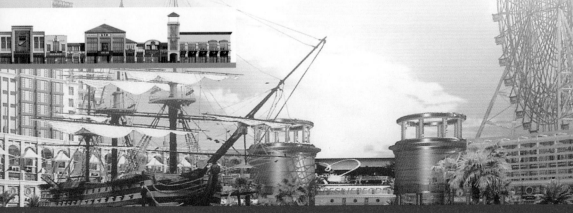

H.C —— Home Center

　　商品專門化，專售家庭木工、水電工油漆工、家具、園藝等用品工具。

　　美國：Home Depot、Home Center
　　日本：東急 Hands
　　臺灣：B&Q 特力屋、宜家 IKEA
　　中國：百安居

　　筆者多年前在美國加州，第一次看到 Home Depot、Office Depot 時非常驚訝賣場之大超乎想像，參觀選購竟然要坐電動車。Depot 一詞為西班牙語是倉庫之意。

超級購物鎮 Power Center

　　Power Center 源起北美，一般位於都市邊緣的地區，創造出新的商業市鎮，大多設立在市郊高速公路出口附近，方便遊客的光臨，幅地廣大備有大型停車場。它由數個不同的頂尖業態店鋪組合而成，是一種定義較寬鬆的購物中心。Power Center 接近於露天商場，接近消費者生活方式，不像現今的現代封閉商場，而是集合知名的量販店、暢貨中心 Outlet、品牌餐廳、美食街、3C 電子館、書局、頂尖專門店、遊樂園、展覽會館、商務大飯店、休閒住宅甚至還有遊艇碼頭等等，完全以多種頂尖業態取勝，是大小通吃的購物鎮。

地下街、捷運商店街

　　由於地鐵、捷運不斷開發，每天進出人潮眾多，帶動商機蓬勃發展，促使商店街興起是各行各業專門店必爭之地。在台灣的三鐵共構，正掀起一場商場開發高潮。東京新宿站是國鐵、地鐵、地下街的交會點，每天進出人流上百萬，成千上萬的店家玲瓏滿目。

▲廣州地王廣場〈大陸最亮麗的地下街〉。

　　上海地鐵人民廣場站每天人潮不斷，地下街一店難求，相對的店租也很昂貴。地下街、捷運商店街動輒上千家商舖，是潮男潮女聚集的地方，所販賣的商品往往是時下最新穎的低價流行品，商品販售期通常很短。

▲日本東京地下街商場。

▲瀋陽時尚地下街。

▲上海人民廣場地下街。

▲大連勝利廣場地下街〈大陸最早建立的現代化地下街〉。

流通零售業的新寵兒——暢貨中心 Outlet Mall〈名牌商品折價店〉

Outlet 的定義：

　　名牌在庫商品的處分店，也就是廠商、大型小賣店將剩餘庫存品、瑕疵品、次級品、過季品等以超低價格處分賣出，由於生意好、供不應求，而再增加 B 種副牌、自創品牌，甚至發展出專門供銷商品，本身賣場也趨向大型化。

Outlet Mall 的型態：

1. 工廠型（Factory Outlet）：由品牌的廠商或其子公司直營。
2. 小賣型（Retail Outlet）：由百貨公司、大型專門店直營。
3. 折扣型（Office Price）：由其他與 A、B 無關的企業來經營。

Outlet Mall 繁盛的條件：

1. 立地：考慮人口、規模、交通、停車、商圈、競爭店，不一定要在市區，最好在市郊、前往旅遊點的必經交通路線上。
2. 專業業者的實力。
3. 廠商的募集，名牌愈多愈好。
4. 強力的販促活動與琳瑯滿目的餐飲點心與休閒娛樂。

Outlet Mall 的經營策略：

1. 以服飾為主，鞋、家電雜貨、化妝品、玩具為副。
2. 配合餐飲、遊樂、電子、休閒等設施。
3. 關係企業的協力提供，如自已有零售業集團。
4. 有名品牌、世界名牌、強力高級店進場，愈多愈好。
5. 日本或美國 Outlet Mall、國內品牌合作或切貨買斷。
6. 統一管理、連鎖發展。
7. 通往觀光旅遊景點道上，停車方便。

8.營業抽成與場地出租。

9.各名牌名店獨立經營。

10.經常舉辦活動，富有活力，折扣價格一定要大，便宜看得見。

商品來源：

1.國外名牌廠商、Outlet Malls 等提供。

　如美國 Premium Outlets 在日本、韓國都有合作。

2.國內名牌廠商、生產工廠提供。

3.名牌代理商提供，輔導廠商代理。

4.關係企業提供。

5.自家開發、自己進口。

6.市場切貨、倒店貨。

7.WTO 市場貿易商。

Outlet Mall 店頭演出：

1.裝潢簡單、實用、合理、價格低廉、不講究華麗與高貴。

2.店內展現大幅折扣、超低價、
高折扣度。

3.全店強大標榜「好又便宜的世
界名牌品」。

4.每日「新到貨」表達商品新鮮
度。

5.季節感的裝飾演出。

6.運用廠商力量，舉辦廠商競
賽。

7.國際名牌聯合演出。

國外 Outlet Mall 名店介紹：

1. 美國 GCA 公司設立 Woodbury Common Premium Outlets 在美國紐約的郊區 200 多家名牌進場，全美最大，吸引世界各國觀光客，現已成為當地觀光景點。
2. 美國 Tanget Outlet Center：在內華達州賭城至洛杉磯途中沙漠地帶，約三萬坪，有 100 多家名牌進場。
3. 日本神戶垂水 Marine Pia Kobe Proto Bazar Outlet：日本大阪神戶市垂水區，約 20000㎡，80 家名牌進場。
4. 日本 Yokohama Bayside Marina：橫濱市金澤區白帆，約 16182㎡，52 家名牌進場。
5. 日本靜崗禦殿場 Gotemba Premium Outlet：靜崗禦殿場市深澤，約 22000㎡，110 家名牌進場，日本最大。

02
超大型商場的震撼

　　隨著經濟發展，生活水準不斷地提高，消費者不能滿足現況，零售業新的業態不斷出現，超大型商場受到注目，其中以購物中心最具代表，連百貨公司也趨向購物中心化，每次推出新的規模與創意莫不驚動各界，今列舉代表案例供讀者參考。

一、美國購物中心 Mall of American

地點：美國明尼蘇達州布盧明頓市
　　　雙子城
主題：史努比公園、四條不同風味
　　　大街、四家大百貨公司
開幕：1992 年 8 月開幕
總面積：500.000㎡
停車場：2 萬台
內容：尼克宇宙〈史努比公園〉、
　　　水族館、假日酒店、餐館、
　　　520 間店

停車場
Nordstorm 百貨
Sears 百貨
史努比公園
停車場
停車場
精品專門店
精品專門店
精品專門店
Macy 百貨
Bollomingdales 百貨
停車場

〈以上照片引用自 Mall of American 官網〉

二、加拿大西埃德蒙頓購物中心 West Edmontone

地點：加拿大阿爾帕塔省埃德蒙頓市

主題：在冰天雪地的冬天，享受夏日衝浪的樂趣

開幕：1981 年 9 月開幕

總面積：570.000㎡

停車場：2 萬台

內容：銀河遊樂世界、海洋世界水族館、假日酒店、餐館、820 間名牌
　　　店、室內樂團、迷你高爾夫球場、寵物動物園

▲衝浪、海水浴場

▲復古商店街及室內帆船運河，水下潛水艇可觀賞魚群

〈引用自 West Edmontone 官網〉

三、韓國釜山新世界百貨

地點：韓國釜山

主題：以「黃金海」為主題概念所建造的釜山新地標

開幕：2009 年 4 月

總面積：293,905㎡

內容：

- 2010年登上金氏世界紀錄，世界最大的百貨公司，如同一座城市般，包含了建築、藝術、購物、娛樂休閒…等，豐富消費者的生活。
- 新世界百貨公司延續著本身全韓國第一家百貨公司的歷史與傳統，將 SPA Land、滑冰場、高爾夫練習場等各種娛樂與文化結合，營造出高品味的複合購物文化空間。
- 在籌劃初期，從人造衛星及陸空偵測，發現擁有豐沛的地下溫泉，因此開發出全球最大的溫泉浴場 SPA Land。

〈以上照片引用自釜山新世界百貨官網〉

第2章　籌建大商場的宏觀條件

01 背景條件

大商場的創建過程，往往投資金額龐大、回收期長，通常開業後還要經過調整、培養、營運等過程，是漫長的持續經營，不像房地產、開發業一樣，趨向急功近利、追求快速回報的贏利模式。簡單來說，前者是長打，而後者是短打。

因此在大商場開發時，首要考慮各種背景條件分述如下：

一、廣義的社會經濟發展現狀和未來的發展趨勢，並加以評估。

二、配合都市計畫。

三、投資效益的綜合分析與評價。

四、宏觀環境、地域、交通、商業發展…等，加以評估並做出戰略分析。

五、企業本身條件、公司發展計畫、連鎖店發展趨勢。

六、歷史背景和合作對象的社會風評。

七、地方政商關係。

八、廠商配合度。

九、獨特的機會。

十、風險的評估。

舉例來說：

商場本身的各種背景條件，將會影響到公司創建和未來的發展。如上海太

平洋百貨，開幕當初以台灣百貨精英人才，挾帶台北 SOGO 百貨的日式經營方式，一砲而紅、轟動大陸百貨零售業。台灣百貨精英和 SOGO 百貨國際聲譽的歷史背景，獨領大陸百貨業多年風騷。但現今上海太平洋百貨幹部大多離職他就，逐漸失去具有歷史背景的舞台，很難再現當年風光。

台灣好市多倉儲會員店，其第一店在高雄設立，以美國 COSTCO 為歷史背景，完全的美式經營方式大受顧客認同，至 2012 年已拓展 9 店，業績達台幣 600 億，為台灣倉儲批發業龍頭。

一家經營成功的商場，若能以本身的歷史背景為舞台，將可以很快地至各地拓店。

02 團隊人才

大商場的開發，需要有軟硬體專業人才與團隊。從開始的規劃、組織、培訓、財務設計、營運、招商、行銷等等，皆需要有相當經驗的人才，才能順利推展業務。專業人才的募集分為長短期，有些人開業後就要離開，有些人則轉任營運。

漢末三國時代，霸主劉備、曹操求才若渴，常言：「求得一才，勝過十萬精兵」。今零售業發展快速，培養出不少人才，如何識才用才成為當前重點，特說明如下：

- 概念設計、空間設計：最初的概念設計，大都聘請國內外知名設計公司，就外觀、內部空間做出專案概念設計。
- 規劃：請專業顧問配合營運部門規劃方案。
- 基本設計、公共區域設計、店舖設計：委任專業設計公司。
- 軟硬體設備工程：委任專業公司承包。
- CIS、Signage：委任專業公司設計承包。
- 招商：招募專業經理、自家養成人才、另加委任專業招商公司。
- 管理：財務、總務、人事，自家養成人才。
- 物業〈保全、清潔、維護〉：行政由公司管理，部分業務委任專業公司承包。
- MIS：委任專業公司承包。
- 人力資源：自家養成人才，以及配合獵人頭專業公司。

03 資金投資

大商場的開發，在開始時就要有完整的費用開支預算，與長期資金運作的計畫。

營運後如果投資項目的報酬率大於費用成本，投資就會得到利潤的回報。

一、資金來源

開業前：
1. 認股投資：獨資或股東集資、合資、商業地產基金
2. 銀行貸款：產生資金利息的資金成本
3. 股票上市：母公司的股票上市資金運用
4. 店舖、房地產預訂預售
5. 貸款、其他收入

開業後：
1. 銷售收入、租金收入
2. 其他營業收入
3. 增資、貸款

二、資金運用

前期資金支付：
1. 設計規劃費、建築物甲工程費〈土建〉。
2. 乙、丙工程費〈內部裝修、各舖位裝修〉。
3. 設備費用、租賃費用。
4. 管理費用：人事費用、辦公費用、物業費用、營銷管理費用〈差旅交通、交際、雜費〉、防盜系統、MIS 資訊電腦設備、預備金。
5. 廣宣費、招商中心裝修、廣告宣傳、公關。

營運費用支付：
1. 商品進貨付款。
2. 稅金繳納：增值稅、營業稅、所得稅、進口商品稅及其他各稅。
3. 租金：房地產租賃。
4. 賣場管理會費：物業費、水電費、煤氣費、包裝費。
5. 固定資產折舊攤提。

6. 裝修費用：土木工程、維護保養費、裝潢費、各項設備。
7. 營銷費用：廣告費、裝飾費、企劃活動費、獎勵費。
8. 管理費用：人事費、公關交際費、差旅費、辦公費、其他雜項。
9. 設備費用：車輛、各項設備、電梯、器材器具、軟體設備。
10. 其他費用：顧問費、雜費

三、損益平衡點銷售額〈Break Even Point〉預測

損益平衡點銷售額＝固定費用／銷貨毛利率－變動費用率

固定費用：每月固定支出如薪水、水電、瓦斯、租金、折舊、利息、保險、資訊、辦公費、修繕

變動費用：每月不固定支出如營運成本、廣告、差旅、公關

銷貨毛利率：毛利額／營業收入

變動費用率：變動費用／營業收入

說明：

假設一 4000m^2 的大超市，每月需 100 萬元固定費用，平均毛利率為20%，變動費用率為 5%

損益平衡銷售點為100 萬／0.15＝666.67 萬元

即該店每月需保持 666.67 萬元的營業額才不會虧本

經營安全率＝營業額－損益平衡點銷售額／營業額×100%

安全率 30% 以上為特優店

25~30% 為優良店

15~25% 為一般店

10~15% 為不良店該換人管理

10% 以下為危險店要關門了

購物中心為租金收入，不適用此預測方式。

四、現金流量分析

現金流量分析是指商場企業在一定會計期間內，透過一定的商業活動行為〈包括營銷活動、招商活動、籌資活動和非經常性項目…等〉而產生的現金流入、現金流出及其總量情況的總稱。

現金流出的統計分析，一般為一個月、一季、一年或多年。

現金流量分析具有以下作用：

1. 對獲取現金的能力作出評價。
2. 對償債能力作出評價。
3. 對收益的質量作出評價。
4. 對投資活動和籌資活動作出評價。

年度現金流收入預估計算 (單位：萬元)

月份\項目	09-10	09-11	09-12	10-01	10-02	10-03	10-04	10-05至11-04	11-03	11-04	合計
租賃確認書簽約進度	10%	10%	15%	20%	30%	15%		年營運收益	50%	50%	
租賃確認書押金											
租賃合同簽約進度											
租賃合同押金											
簽約金額											
退還押金											
租賃收入											
專櫃聯營保證金											
專櫃聯營收入											
合　計											

備註：廠商保證金收取標準為〈各公司依當地行情自訂〉

　　　50 平米以下的為 xxxx 元，50 平米— 100 平米為 xxxxx 元，100 平米以上的為 xxxxxx 元
　　　合同期滿三個月後返還，設定 xx 年 5 月開幕。

投資回收率＝營業淨收益／總投資額×100%

聯營扣點是中國零售業專用名詞，意謂專櫃營收抽成制。

五、宏觀環境分析

在商場項目投資中，包括宏觀經濟成長〈GDP 一個國家或一個地區的國民生產總值、人均國內生產總值〉、環境分析、城市發展新規劃、人口成長、交通情況分析、零售市場消費調查等都是基本前提，只有基本面適合，才開始分析投資效益和選址考察，參考資料可從各地方政府相關單位取得。

新的商場開發需要參考 GDP 指數，用以了解所在城市的經濟發展狀況，包括新地鐵、新機場的開發、基礎交通建設、新社區開發、新科學園區開發、地方重大建設開發等均可拉動地方經濟成長。

第3章　大商場——策劃篇

01
經營理念

一、中心思想

企業文化：

　　企業文化是指一個企業中，各個部門共同擁有的企業價值觀和經營理念，是由企業的全體成員共同遵守和信仰的行為規範，上下一心、共同努力所構成的企業獨特文化。

日本 MYCAL 百貨集團

　　強調自己是生活文化產業，透過商品、服務和信息…等，為顧客生活文化的提升做出貢獻，讓顧客享受到 MYCAL 提供的舒適生活。

M —— Minded	用心的、有感受的
Y —— Young	年青的、活潑的
C —— Casual	休閒的、輕鬆的
A —— Amenity	舒適的
L —— Life	生活

大商集團的企業文化強調「無限發展，無微不至」

　　大商的事業永續發展、永無止境，建設大商為現代化國際性的民族品牌大公司。

　　大商的服務細緻入微永不滿足，把顧客滿意當作企業永遠追求的目標。

日本伊勢丹百貨 ISETAN

　　以成為世界級百貨自許，強調走在時代尖端，使大眾的生活更高級、更豐富。21 世紀的新理念是：「年輕活潑的發展，創造世界的流行時尚與令人信賴的高品質」，強調伊勢丹百貨 Only One 的獨特商品。

　　I　——　Idea　　　　　　有創意
　　S　——　Service　　　　　誠心服務顧客
　　E　——　Ever onward　　　工作求進步
　　T　——　Teamwork　　　　堅強的團隊精神
　　A　——　Ambition　　　　對工作有企劃心、有奮戰精神
　　N　——　Name is pride　　對公司的自豪

美國 FOOD FOUR LESS 大賣場

　　始終強調滿意、便宜或者退款

　　"Every day low price."

　　"Guarantees satisfaction or your money back."

美國 COSTCO 倉儲批發會員店

　　在台灣叫好市多，其業績居量販業的龍頭。

　　經營理念：守法、照顧會員、照顧員工、尊重供應商。

　　經營策略：High quality、great value---Costco has it all！

　　提供高品質低價位的品牌商品、儘量節省經營管理上的成本以回饋會員百分之百滿意服務，會員 100% 無風險

法國紅酒 Chateau Latour

　　是法國 5 大酒莊之一，具有 500 年歷史所生產的大拉圖紅酒，價格都在萬元以上，從酒窖設計、生產設備、員工制服到員工交談等等，都會令人感受到他們是從內心表現在打造一個紅酒的文化，不像一般品牌，光只顧著生產，然後把酒賣出去就好了。

麥當勞、肯德基

麥當勞、肯德基的餐館設備、員工制服、服務態度等等，都展現出他們的企業文化：勤快、衛生、服務。

上海灘

名牌服飾「上海灘」其服飾式樣、店舖裝潢和包裝，呈現完整中國風味、中國色彩、中國地名，展現純粹的中國文化產品。但老闆其實是法國人，一個外國人卻做出比中國人更中國的服飾，值得令人學習。

好市多

強調公司守法、照顧會員、照顧員工、尊重供貨商，讓會員絕對信賴公司。

7-11 超商

成功地打造出一個「你方便的好鄰居」形象。

現代的零售業已趨向於將百貨公司購物中心化，購物中心百貨公司化，其經營理念是「迎合新世紀」、提供「多元化生活空間」。

傳統零售業賣的是商品，現代社會面臨激烈競爭，因此零售業必須要多元化、國際化、環保化，必須要建立自己的企業文化，也就是除了從事商品銷售外，還需要娛樂、遊樂場、餐飲、文化藝術、休閒活動及其他專業功能如電腦 3C 產品、書局、多功能館、橋棋社、文化教室、銀行、診所、美容健身等等，才能建立消費者對公司的信賴與好感。畢竟實際地展現各項設施，總比空喊舒適度、好感度等…口號好。

我們的老祖宗在幾千年前，從事經商買賣時就有「童叟無欺」、「貨真價實」等準則，值得我們繼續遵循。

一個企業的經營是長久的，在服務顧客時千萬要誠心，不能惡意欺騙。

二、企業形象 Image Up

打造良好的企業形象，有助企業長期的存在與發展，企業形象是企業透過外部特徵和經營實力表現出來，被消費者和公眾所認同的企業總體印象，例如品牌形象、公司形象、企業家形象、媒體形象、專業形象、代言人形象等等。

● 表層形象：由外部特徵表現出來的企業形象，例如 CI 企業識別系統、招牌、標示系統、廣告、商標、服飾、營業環境、外觀等，這些都給人以直觀的感覺，容易形成既定印象。

每次活動的形象演出，都能帶來許多顧客，美國紐約的梅西百貨在每年的感恩節推出大汽球遊行活動，吸引上百萬民眾前來參觀。許多觀眾都從小看到大，以至於每逢感恩節，就想要去梅西百貨逛逛。高雄夢時代在每年 12 月也舉辦大汽球遊行活動，同樣吸引幾十萬觀眾，地鐵捷運全天爆滿，企業形象牢記在顧客腦中。

- 深層形象：透過經營實力所表現出來的形象，它是企業內部要素的集中體現，如人員素質、生產經營能力、管理水準、資本實力、產品品質等，由於主要是經營商品和提供服務，與顧客接觸較為深遠，所以深層形象顯得格外重要。

台灣高雄的大統百貨公司當初喊出：「顧客稱心滿意，不合保證退換」，在當時的商場還沒有人敢這樣做，推出後大受顧客認同，全心全意為顧客服務的企業形象因而建立。而這種服務是建立在寬廣優美的良好購物環境、可靠的商品品質、實實在在的價格基礎上，以強大的物質基礎和經營實力作為優質服務的保證，達到表層形象和深層形象的結合，贏得了廣大顧客的信任。

- 每年都會有大型購物中心，不惜投入鉅金，舉辦年終煙火大會，吸引上百萬顧客前來觀賞，這就是提升形象的活動 Image up。

三、主題概念

每一個成功的商場都有一個突出的主題，有故事、有主張、有特色。

每個大商場都需要有一個與眾不同的主題特色，如果沒有主題則與他店類同，若毫無特色可言，經營起來會很辛苦。

因此在開店策劃時，就要選定主題特色，說出主題的故事與典故，讓顧客很快地了解商場在賣什麼，提供什麼性質的服務。

韓國釜山新世界百貨：

延續全韓國第一家百貨公司的歷史與傳統，將 SPA Land、滑冰場等各種娛樂與文化結合，以黃金海為主題概念，建造出釜山新地標，營造高品味複合購物文化空間，同時取得金氏世界紀錄，為世界最大百貨公司。

中東阿拉伯酋長聯合大公國的杜邦購物中心：

以展現沙漠綠洲的現代生態樂團為主題，打造出世界最大的水族館、生態園、黃金市場，推出後轟動全球。

加拿大西埃德蒙頓購物中心 West Edmontone

　　打造出世界第一大的購物中心，除百貨公司、商店街、旅館外，設有運河、帆船、水族館，可搭乘潛水艇觀賞魚群，最大的焦點是「冬天冰天雪地」，這裡有衝浪海灘，屋外零下 25 度，屋內是零上 25 度，冬天沒處去，就到這裡來吧！

澳門金沙威尼斯人的大運河購物中心

　　其主題是不必去威尼斯，來到這裡就可以享受到威尼斯「貢多拉」的浪漫氣氛與賭城的興奮，夠引誘人心吧！

四、永續經營

　　大型商場的建立是一項很大的投資，需要長期的經營培養才能建立企業形象，獲得顧客的信賴。一般的大型商場在開業後前一兩年內經營很辛苦，往往順利成長幾年後，才開始轉虧為盈。細水長流，好景還在後頭。它不是房地產業的經營模式，急功近利、短期獲利再投資。

　　因此大型商場的投資要有這些認知，常常有些地產商剛開始看到營業不理想，就按捺不住急於脫手，導致最終潰敗難以收拾。

　　商業地產的經營，雖然是以基金招募資金方式，商場建成後交由專業人才經營，但還是保有基業，其最終目的一樣是永續經營。加拿大的 555 集團就是最好的代表。

五、強烈企圖心

1. 使命感：為發展地域的開發，以繁榮地方為使命。
2. 打造地域 No.1 的商城，提供國內外最新訊息，是流行生活的代言人、市民生活的文化中心。
3. 國際化、多元化，現代化購物商場，寬敞亮麗舒適的賣場，讓顧客享受購物的樂趣與滿足。

　　經營大商場，各部門主要幹部皆要有強烈的企圖心，敢於提案、推案執行，才會成功。

02
策劃流程

一、系統流程

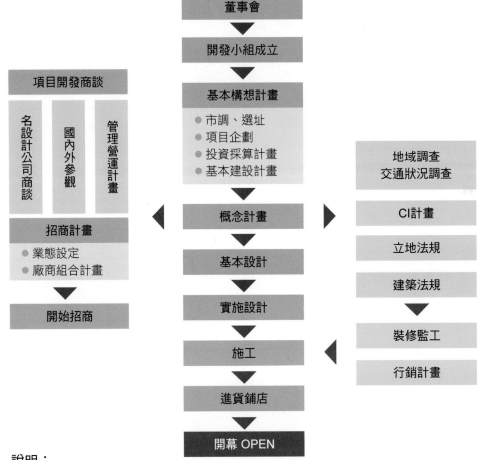

說明：

　　大商場設店，土地與建築物開發方式：

1. 自行購地興建，擁有自己的土地與建築物，依自己的理想開發。
2. 租用土地再興建樓房，土地承租期要長，有優先續約權。
3. 完全租用沒保障，風險大、負擔費用大。
4. 邀請土地所有者或主力核心店共同開發，有知名品牌店駐場，可保障經營成功。
5. 配合政府開發政策。

二、開店步驟

軟體概念	提案	立地地點選定、面積大小需求	
		時機選擇	
	市調	商圈設定、現場調查、環境調查、競爭店調查、流量調查	
		生活形態、消費行為調查、外訪面談	
	企劃	投資計畫	投資資金、營收預測、投資報酬
		形象塑造	形象設定、風格特色概念設定或沿用原有設定
		商品規劃	直營商品類設定、專門店商品類設定
		營運策略	人員及組織架構、進銷存策略、POS 系統
	基本設計	基本設計	店名、部別、商品構成、動線、色彩、CI 系統
		圖面設計	實測圖、效果圖、平面圖、立面圖、外觀設計
			地板、天花及照明、水電消防配置圖、播音監視
			商品配置圖、材料樣本、陳列道具、後勤設施
		法規申請	建築、營業執照申請、相關證照
	施工設計	水電消防	供排水、配電圖（含燈具及用電量）、消防設施
		空調設計	冬、夏空調設備
		視訊設計	電話、傳真、播音廣播、監視系統
		施工設計	內裝裝修、店面外觀、招牌、標示、陳列道具
硬體實施	審核	設計施工圖審核、各種設施設備、道具等報價資料審核	
	估價	廠商施工說明會、分工估價、評估議價、選定工程廠商	
	報准	通過建築營業執照、呈報上級批准後施工	
	發包	簽約、工程發包、施工規範、申請臨時電	
		各種設施設備、陳列道具、制服、備品用物、文具訂製	
	審核	各項法規審核，如樓層高度、建蔽率、容積率、消防、避難、停車場、公共設施等等法規通過後即可申請營業執照、水電、煤氣	
經營管理	開幕	商品進貨、陳列、人員組織、培訓	
		宣傳廣告、媒體採訪、活動展開、裝飾佈置、POP、SIGN	
		上下班、排班、開幕支援組織、用品準備齊全	
		開幕佈置、儀式、人員安排、贈品	
	營運	商品管理、人員管理、設備正常運轉、宣傳活動不斷	
		缺點修正、改進、顧客資料建檔	

03
設計概念

一、整體規劃

　　寶劍贈壯士，當取得一塊好地皮的時候，首先就要慎重考慮要如何好好地加以整體規劃，絕不可以走一步算一步。在中國大陸地大物博，許多投資人拿到地皮，就打算建大樓當作購物中心，造成許多「爛尾樓」的失敗例子。

大商場的整體規劃重點分述如下：

1. 樓體及外觀概念設計

　　基於整體開發已有的共識，聘請國內外專業設計公司來開始著手設計，選出適合的元素與色彩，根據公司項目、相關人員，配合提供資料，包括基地使用面積、各項定位、地方習俗，共同選出理想的樓體造型與外觀概念設計，根據概念設計再發展出建築空間面積及平面圖、立面圖、外觀效果圖。

2. 整場規劃設計

　　包括樓體、外牆、出入通道、公共區域、景觀、停車場、動線、前後期銜接各項法規…等，都要和工程設計師充分檢討。

　　整場面積規劃、平面圖、立面圖、效果圖都要經過一再的檢討。

3. 賣場空間設計

　　賣場空間設計及規劃，會影響賣場將來營運的成敗，這些工作要很慎重地檢討，根據概念設計，再做出各樓空間設計與規劃如樓層高、樓層面積、公共區域、後勤辦公室區、賣場設施、各種動線規劃、店舖規劃、主力店規劃、商品區規劃等。

　　通常內部空間設計都委任專業內裝設計師去做，但別忘記他們的設計首要遵從公司的規範要求。因為將來的使用者是公司營業人員，不能忽略做生意的基本立場。一個店舖的營業人員，他們了解自己的商品，知道該如何去備貨、去陳列商品。內裝設計師要根據營業人員提供的資料，做出能配合商品、讓營業人員滿意的設計，這才是我們需要的。

04
立地選址

一、立地來源

1. 透過業者、經紀公司、房地產公司介紹。
2. 自家公司開發部、自備地產。

二、選址立項程序

1. 入市調查、商圈調查、專案調查。
2. 項目合作初步談判、地價、租金、轉讓和其他因素。
3. 編寫市場調查報告和可行性報告、項目建議書、項目開發申請報告、項目審批表。
4. 開發部門審核評估可行性報告。
5. 現場再確認、通過。
6. 進入項目開發審批流程。
7. 提報公司決策單位可行性報告、專案建議書、項目開發申請報告、項目開發審批表。
8. 通過。
9. 進入項目合作，合同簽約審批流程〈公司特約律師協同〉。
10. 立項核準。
11. 下達項目開發通知書。

05
市場調查

一、立地調查

1. 城市概述：
   大環境宏觀面概況，包括地理位置、腹地、交通、面積、人口、國民生產總值〈GDP〉、增長率國民所得〈GNP〉、人均居住面積行政區域分布、大商圈、居民家庭收支、人均消費支出、城市發展計畫、將來開發趨向、城市計畫法規、建築法規、消防法規、水電、瓦斯、防災、淹水、治

安、通訊交通等訊息。〈以上資料均可從政府相關單位取得〉

2. 區域概況：立地概況描述

立地區域面積、人口數、住戶數、交通狀況、區域細部、公商文教、歷史背景、商圈消費狀況、臨近地區調查、發展趨勢調查。

二、商圈設定：商圈設立的考慮事項

1. 商圈條件：以設店地點為中心，依消費市場、生活結構、交通流量、地域概況、氣候、未來趨勢等因素考量來劃定商圈範圍。
2. 地理條件：考慮地形變化、公共區域、計畫用地。
3. 交通條件：是否為交通樞紐、公車站、火車站、機場、渡船地鐵捷運站及沿線狀況、高速公路交流道、高架路出口等人車流量。
4. 人口條件：住宅戶口、人數、戶所得、可支配費用、消費分析、流動人口。
5. 文化條件：文化水平、休閒娛樂品質、集客力。
6. 競爭條件：考慮本身的優勢條件、同業競爭的威脅。

說明：

如接近地鐵、捷運系統，各站附近設店是各商家必爭之地，各項條件都很好（當然購地自建或租賃相對也費用較高），但它的腹地商圈就來得大、長，捷運系統可拉進上下班流量人潮流向。

如接近高速公路、高架路、交通幹道等取得交通方便的優勢，現代社會有車階級多，因此量販店多選擇這些地點。

如設點鬧區中心，投資金額會很龐大，因此適合販賣高單價、高流行的商品，以購物中心、高級百貨為主。

三、商圈劃定的方法

1. 圓圈法：

在區域地圖上劃定區域，以本店為中心點，畫出 x 公里為第一商圈，y 公里為第二商圈，其他為第三商圈，x y 為自設公里數，商圈內以上下左右道路圍成的區域為一單位，從北 12 點順時鐘方向對每一單位加以編號，然後對每一單位展開調查。

2. 地形法：

受地形因數影響，如河川、橋樑、山坡地、海濱、公園、新開發區、交通路線、學校等，將商圈變形成不規則形狀。

日本東急私鐵就利用捷運沿線發展新商店，其商圈是沿著鐵路劃定，呈現狹長形。西武私鐵更厲害，商圈長達半小時車程，遠達 50 公里。超大型大商場，其商圈更大，動輒整個大城市，甚至涵蓋至周邊二線城市，或更擴大到整個大區塊如珠江三角洲。

3. 空照法：

利用全球衛星定位 GPS 編出地域區圖，現在有 Google 地圖，空照圖更加方便，從圖中劃出區塊加以編號，然後開始設定調查項目，收集各項資訊做出調查報告。

四、市場調查的種類

1. 消費者調查〈廣度調查〉

(1) 定點約談：〈消費者行為座談會〉

目的在了解商圈內及外來流動者，他們的消費動向、需求、意識、地區特性、生活狀況、未來期待等。

採用 Quota sampling 配額抽樣法，選定女性代表人士、男性代表人士，在選定地點〈如知名咖啡廳〉分組分梯次約談，人數視實際情況而定。

(2) 外訪面談：〈商圈消費行為調查〉

目的在了解商圈內消費者個人與家庭的生活狀況與消費習性，以及了解商圈內商業狀況，同時也宣佈新店即將開幕、敬請期待。採用隨機抽樣法，依商圈內編號，選定地點以臨時面談或當面拜訪方式，通常是選在社區內設立定點，備有禮物〈以日用品為佳〉相送。

(3) 業者專訪：

透過關係託人引見，選定商圈內業者、管理階層人員，專程拜訪了解商圈的特性、租賃行情、經營狀況等，作為將來參考。

(4) 定點拍照商圈消費行為：

選定地點〈最好做商圈與商圈、或與同業競爭店比較〉。

分日期、時段，採用數位相機做密集式的拍照，然後加以分析、比較，即可得到很清楚的市調資料。

2. 專業調查〈深度調查〉

(1) 成立專案小組，針對商圈內各競爭店進行專業調查

(2) 調查商圈內各相關條件和有利、不利因素的探討

(3) 項目：

- 競爭店綜合比較表
- 競爭店服務設施比較表
- 競爭店營業面積與規模比較表
- 競爭店分類面積、業績、毛利比較表
- 專櫃、承租戶的商情分析
- 地域環境、消費、交通、人流及其他專賣店統計、分析

3. 交通流量：

大商場的商圈腹地大部分都很廣，交通方便。都會鬧區、捷運站、車站附近往往是行人流動特別大的地方，停車方便是現代營商必備要件，大型商場需要備有大停車場，測算車流導向。

No parking, no selling。定時統計上下班人潮流量與流向，同時預測以後的交通發展，雙向道與單行道的關係。

量販店大多選擇在市郊近高速公路、高架公路出入口，開車停車方便是最大的考量因素。

4. 競爭店調查（同業、相關專門業）

  (1) 各店面積、營業額、平米效、客單價、交易客數

  (2) 各店優缺點、提包率、公共設施、人員、服務

  (3) 顧客層次與流量統計、交通狀況、停車空間

  (4) 投資狀況、租金、費用

  (5) 知己知彼，找出同業優缺點：檢討對方的優點與缺點

5. 生活結構調查：

調查商圈內消費者生活型態，包括流動人口，住戶人口、所得收入、消費能力、購買習慣。開店前商圈資料除供開店參考外，還有事先宣傳作用，利用調查期間，告知本店位址、何時開幕。

6. 交通流量：

交通方便、停車方便是現代營商必備要件，車多不一定好，人潮才是指標。

出入方便、有大停車場是營商的好幫手。

五、參考表格

1. 競爭店綜合比較表調查

填表人：　　　　　單位：　　　　　日期：

項目	A 店	B 店	C 店	D 店
佔地面積				
總面積				
營業面積				
年營業額				
店舖數量				
位居地點				
商品力				
服務力				
販賣力				
行銷活動				
顧客層次				
平日顧客				
假日顧客				
外觀				
服務設施				

備註：商圈中同業店舖大小、設備、數量、銷售與競爭狀況，對市場的飽和度加以分析。

2. 專櫃的商情分析

設櫃地點	單位面積	年營業額	業績抽成	營業狀況
X 店				
X 店				

3. 承租店的商情分析

設櫃地點	單位面積	年營業額	租金	營業狀況
X 店				
X 店				

4. 競爭店服務設施比較表

競爭店名	A店	B店	C店	D店	E店	F店
提款機						
化妝室						
殘障廁所						
育嬰室						
醫務室						
貴賓室						
卡友中心						
咖啡廳						
飲水機						
修鞋中心						
寄物櫃						
修改室						
美容美髮						
電影院						
橋棋室						
服務台						
嬰兒車						
休息處						
停車場						
文化教室						
多功能廳						
美食街						
遊樂場						
接駁車						
屋外景觀						
播音系統						
導購標示						
電梯數量						
冷暖氣						
其他						

5. 競爭店分類面積、業績、毛利調查表

部門		A店			
名稱	毛利	㎡/坪	營業佔比	全公司比	營業額
化妝品、飾品					
少淑女裝					
淑女裝					
大碼女裝					
高級女裝					
男裝					
童裝、玩具					
家用五金、寢具家具					
大小家電					
文化雜貨					
食品超市					
清潔用品					
營業合計					
餐廳					
美食街					
遊樂場					
特賣場					
文化會館					
美容美髮					
服務設施					
其他					
總計					

*可透過廠商、市調公司、新進人員、周邊商店、相關單位、直接間接方式來獲得參考資料。

6. 競爭店營業面積與規模一覽表

競爭店名	A 店	B 店	C 店	D 店	E 店	F 店
佔地面積						
總面積						
營業面積						
百貨面積						
餐飲面積						
遊樂面積						
公共面積						
文化會館						
服務設施						
營業樓層						
年營業額						
年坪米效						
扶梯數量						
電梯數量						
其他						

六、來店交通調查

1. 周邊區域土地利用情況
   本店周邊地區的現狀，用地性質主要為商業用地
2. 現狀主要交通吸引點
   現有主要的商業、住宅、交通站的吸引點描述
3. 現狀交通條件
   (1) 交通區位分析，有何交通優勢
   (2) 周邊道路等級劃分
   (3) 現況交通管制情況
   (4) 周邊道路狀況條件
   (5) 現況停車位、停車場分布及使用情況
   (6) 現況出租車站點分布情況

(7) 市區公車、捷運站線使用情況
4. 現時交通狀況調查
　　(1) 周邊道路交通量調查，分析主要道路中每一條的交通負荷量及通行條件
　　(2) 調查主要道路十字路口交通量
　　(3) 調查同類商場顧客車流、人流情況
　　(4) 現狀客流交通特徵，透過對同類商業區顧客現場詢問調查，得知該區域現狀交通方式結構比例，分析步行、公車、機車、汽車或計程車等使用率
5. 規劃商場停車場
　　(1) 客流車數量、時段、尖峰離峰預計
　　(2) 停車場位置、出入口、泊車位數
　　(3) 車輛進出動線規劃和道路交通銜接狀況
　　(4) 停車場設備、收費方式
　　(5) 安全設施
6. 交通改善方案
　　加設通道、交通站、加強交通標示
7. 緊急交通組織疏散方案
　　災難發生後之交通組織、處理
8. 一年後、五年後來車來客預計
9. 未來交通情況預測
　　對未來地區發展、交通方式改變、交通管制等預測

06 各項定位

一、商品定位

　　商品定位是企業決策者對市場判斷考慮用什麼樣的商品來滿足目標顧客的需求，它必須隨著季節、時尚潮流及顧客的偏好等因素隨時加以調整。
　　商品定位包括商品品種、檔次、價格、服務等層面。
1. 百貨商場：依顧客的需求來決定商品性質
　　如專賣年輕一代的商品定位以休閒流行服飾與配件為主。

綜合百貨的商品定位以百貨流行服飾為主，生活百貨為輔。

2. 量販超市：以家庭顧客層為主，商品定位於日用生活百貨為主。。

3. 大專賣店：以獨家專賣的商品為主。

   如特立屋〈家用五金〉、紅星美凱龍〈家用衛浴、家飾〉。

4. 購物中心、購物廣場：是涵蓋市民的文化、交流、休閒、購物、觀光、餐飲、遊樂等之中心地點。

二、商場客層定位

1. 綜合百貨、購物中心、購物廣場：全客層、逛街購物休閒一族。

2. 量販超市：社區生活超市、生活百貨。

3. 量販會員店：以有車族會員為主。

4. 大專賣店：以專用人士為主要客層。

5. 服飾賣店：以年輕潮人為主要客層。

三、店舖形象定位：顧客進店的第一類接觸

1. 綜合百貨、購物中心、購物廣場：傳統古典、現代流行、綜合型大樓。

2. 量販超市、量販會員店：鋼構倉儲型態，簡潔寬敞。

3. 大專賣店：獨家特色。

四、市場定位

1. 商品的定位：設定商品的風格品味，劃定低、中、高價位。

   以設定經銷的商品價位為主，商品屬高檔貨、高價位。

   如百貨公司購物中心就走向流行時尚的高價位，量販店、大賣場走大眾化路線，販賣低價位的民生用品、食品。

   好市多 COSTCO 是一個異類，它雖然是批發會員店，但是商品卻是高品質、低價位，開業後經過3年的辛苦經營，如今已居台灣量販業的龍頭。

2. 店舖級別的定位：

   設定適合經銷的店舖形象，是屬於高級化、大眾化，或者是現代、古典。

3. 客層別的定位：

   針對某年齡層、性別、風格、品味來設定，百貨公司是全客層，而專門店是針對某種顧客設定的。

4. 消費層次的定位：

   高、中、低消費層次，受店舖所在位置而定。新型複合店大都選在市郊，

市鬧區則偏向高檔次店舖，屬於高消費層次。社區型則屬中級消費層，日用百貨則屬低消費層次。

5. 以上市場定位是供我們設店參考，但有時候定位會出現誤導，也有不按牌理出牌、定位錯誤的現象。因此設定後還要不斷檢討、修正，記取經驗及教訓。

07
賣場規劃

　　賣場的規劃關係到經營成敗，當顧客進到賣場，第一印象是很重要的。良好的賣場規劃能讓顧客輕鬆地到處走走看看，很高興地買到他想要的商品。這一次的經驗若是愉快，那麼下一次他不僅會再來，還會帶親朋好友來。

　　反之，雜亂的賣場規劃會讓顧客摸不著頭緒，那可就一次就再見了。

　　賣場最好是由營業相關人員來做初步規劃，唯有他能了解商品、店家及顧客習性，開始從商品分類、區域劃分、店舖大小設定，到整體規劃，然後再交給室內裝修設計專家去美化成形。

　　大型賣場規劃的各項重點內容：

一、規劃模式

1. 狗骨頭模式：長方形
   兩頭是大型主力店，主力店之間是一些小商店。
   主力店能夠吸引人氣，消費者通常就在兩大主力店之間來往購物。

主力店				小商店				主力店
入口		→ 中央通道 ←						入口
	顧客動線							
				小商店				

2. 環狀模式：

  建築物本身是四方形，全平面或中央有中庭，消費者就在四周環繞而行。

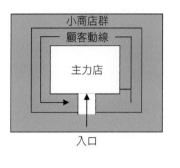 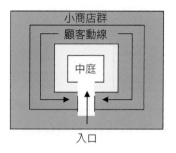

3. 多角形模式：

  建築物本身呈現多角形，出入口
  較多，中央交會點有景觀設計。
  消費者從多方位進出商場。

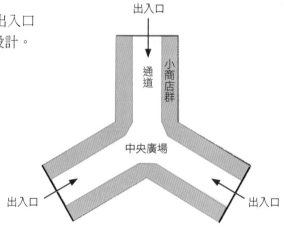

4. 組合型模式：

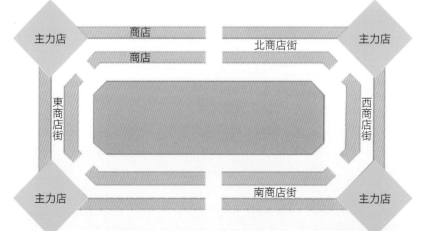

建築物本身呈現方形，四角有主力店，中間部分規劃為四條特色大街，每條街各具特色，中央部分為遊樂公園〈適合購物中心〉。

二、樓層規劃

當商場開始籌建時，首先就要考慮到建築法規。在法規及營業需求下，包括地下室總共要蓋幾層樓？每一層樓要販賣的商品類別都要劃分清楚，一般商場各樓商品分配大致如下：

1. 百貨公司：專櫃抽成〈聯營扣點〉統一收銀或各店收銀

   B1 地下室：青少年服飾、超級市場、停車場

   1F：精品、化妝品、高級配飾、高級女鞋包、國際名店

   首層租金較高，需要販賣高單價的高級商品

   2F 以上：女裝、男裝、童裝、運動裝、家用百貨、雜貨

   頂層：餐廳、美食街、遊樂場

   一樓層較高，約 5-6 米，其他樓層在 4.5 米左右

   - 商品的佈局要根據消費者的需求與習性來決定。例如在英國倫敦知名的 Selfridges 百貨 1 樓，男性襯衫、領帶佔整樓的 1/3，據說英國紳士的襯衫和領帶比內衣內褲還多。
   - 日本東京涉谷區的東急百貨就把超級市場擺在頂樓，接近餐飲區。

2. 購物中心：店舖租賃

   B1 地下室：商店街、溜冰場、停車場

   1F：精品商店街

   2F 以上：一般品牌店街

   頂層：餐廳、美食街、遊樂場

   一樓層較高約 5-6 米，其他樓層在 4.5 米左右

3. 量販店：自家進貨和外場租賃

   普遍只有 2-3 樓，百貨樓層及生鮮食品樓層

   外場賣店〈收銀台外增設〉：餐廳、美食街、專櫃店舖

   一般樓層高度在 7-9 米，以大型陳列架，倉儲式擺放商品

4. 大型地下街：店舖租賃

   分區規劃不同商品種類，靠近交通轉運道的地方以青少年飾品、流行用品、美粧品最受歡迎，其間穿插飲品、輕食。

5. 要考量上下樓層間商品的相互關係。

   - 圖例：百貨公司、購物中心

瀋陽某地鐵站出口，年輕一族百貨案例

5F	食尚餐飲	風味餐廳 / 茶餐廳 / 主題餐廳 / 快餐廳	屋頂室外 城市光廊
4F	生活廣場	手機廣場 / 生活工場 / 小家電 / 遊樂場 / 文具 / 書店 / 影像 / 多功能會館	
3F	星光廣場	胸罩 / 內衣睡衣 / 運動服飾及用品 / 特賣場 / 水吧 / 台灣精 品街 / 進口商品館	
2F	時尚服飾	品牌主力店 / 男女服飾 / 中性服飾 / 名品服飾 / 男女鞋包 / 雜貨 / 咖啡屋	
1F	名品店街	化妝品名店 / 黃金珠寶 / 外賣店 / 婚紗專門店 / 國際品牌專 門店 / 男女服飾 / 中性服飾 / 女鞋包	
B1	流行天地	少年男女裝 / 中性服飾 / 飾品 / 流行彩妝 / 美甲 / 流行鞋包 / 精品超市 / 麵包坊 / 飲食一條街	
B2	停車場		

日本東京 Tokyo Hands 生活文化百貨的樓層規劃：針對 DIY 一族

樓層	商場	內容
8F	餐飲休閒	餐飲、咖啡吧、聯誼廳
7F	文具用品	文具、事務用品、設計用品、畫材、印刷、設計加工工房
6F	材料用品	木材、皮革製品、模型、手工藝品、陶藝、刺繡、工藝材料 加工工房
5F	道具器材	道具工具、五金材料、照明器材、小家電
4F	組合用品	家具、組合架、收納用品、壁材、窗簾訂製工房
3F	家用五金	廚房用品、衛浴用品、清潔品、健康用品
2F	交通用品	屋外用品、園藝用品、交通用品、鐘錶、腳踏車工房
1F	生活百貨	特製商品、舞會用品、遊樂用品

※ 為對抗電商網購，百貨公司開始進行商品分類橫的組合，設立新的主題館取消商品分
　類分區，營造顧客習慣的生活場景讓他融入，提供更多的生活服務配套，讓顧客驚
　喜、滿意，享受到真正的一站式購物。如「有機健康生活館」「活潑兒童館」「流行
　配套中心」等等，把相關但不同分類商品全部組合，如「野生館」把用品、食品藥
　品，服飾鞋包，營帳、釣具、磐岩等集中在場景販賣。

三、動線規劃

為了使顧客方便參觀與購物，樓層經過規劃後，接著是動線規劃。一般賣場有五種動線系統需要規劃，包括各樓平面動線規劃、樓層垂直動線規劃、員工動線規劃、物流動線規劃、外部動線規劃等五部分。

1. 各樓平面動線規劃：

   在各樓平面圖上規劃出通道與店舖，其目的在使各店舖在空間上得到充分地顯示，讓顧客很容易地看到各店，欣賞到各店的精華展現。剛開始規劃時是劃出動線通道與商舖區域〈事先設定商品類別〉，通道的大小、長短、形式都會影響到店舖的面積、業績、租金等，同時也影響到全樓全店的業績。如何使通道動線達到最佳的效果，在規劃時就要特別留意，現將各重點分述如下：

   (1) 通道的大小：

   購物中心：採用寬大通道，中央大道約 6-10m，主通道 3-4m
   　　　　　　中央大道有植栽、花車、活動展示

   百貨公司：主通道 3-4m、副通道 2-3m

   量販店：主通道 4-5m、副通道 2-3m

   ● 依建築物大小加以調整，要考量柱距適當應用

   (2) 通道的長短：

   購物中心面積大，太長的通道容易引起顧客的疲憊，要考慮在中間部分加設景點、公共設施，讓顧客有休息的地方。

   (3) 通道的形式：

   可設計成「井」、「Y」、「O」、「C」、「S」型通道，盡量讓顧客的視覺通透，減少盲點，要注意其銜接及上下樓位置的處理。

   (4) 大門口與中庭的通道：

   大門口是進出商場的第一道關口，作為商場與外面環境的橋樑，特別重視形象。

   中庭是商場的綠洲，是顧客最多的地方，環繞中庭的商舖是最值錢的，因此大門口與中庭的通道往往需要特別規劃。

2. 樓層垂直動線規劃：

   樓層的上下樓關係密切，其商品相互呼應，一般的樓層垂直動線有利於整體商場價值，帶動顧客前往各樓參觀選購。

   大型商場採用電梯、自動扶梯，在量販店為方便購物車的推動，則採用電坡道，步梯一般都要符合政府安全逃生通道的規定。

北京大悅城、香港旺角廊豪坊購物中心設計，把自動扶梯直接送往頂層，為的就是讓顧客先到頂樓，然後再慢慢往樓下參觀選購。

至於電梯、自動扶梯、電坡道、步梯等的位置，是動線成敗很關鍵的要素，如何做到合理、方便、貫通、分布均勻，讓商場沒死角是一大學問。台灣高雄的大新百貨公司在 1950 年裝設全台第一部電梯，當時轟動全台，把 1、2 樓賣場上下樓層結合在一起，在當時是一項創新設備，開啟台灣現代化零售業新的一頁。

3. 員工動線規劃：

員工與廠商人員上下班及用餐動線都有嚴格的規定，上下班後進出賣場都要有一定的出入口管制，搭乘指定的員工電梯，依照指定路線進出賣場，不允許到處亂跑。上下午換班時也一樣，絕不可與顧客爭道、爭搭電梯。

4. 物流動線規劃：

(1) 收發貨動線：廠商進貨絕不可以自行提貨進賣場，讓顧客感覺到雜亂沒制度而有礙瞻觀，在規定的時間與地點，依規定的路線進出貨是必要的，有些賣場多利用夜間作業。

自家商品補貨也是一樣在規定的時間與地點，依照規定的路線補貨。收發貨處必須裝設載貨電梯，方便送貨到各樓收發貨區。

(2) 餐飲美食必須每天進料，許多食材都用手推車運料到廚房加工，因此必定要在後場特別劃分出一條通道以便送貨，同時做為廚餘垃圾運送走道。

(3) 貨車送貨動線：

大型商場大宗貨品的運送皆需貨車，有些量販店動用到貨櫃車，在收貨處設置有貨車碼頭，因此對貨車的進出路線要加以規定，避免貨車與行人動線和顧客的車輛相互干擾。

5. 外部動線規劃：

大商場開業後必然引來大量車輛，因此要考慮車輛從何處來、該如何去，如何與大馬路銜接，盡量避免與擁擠的市區大馬路並流，多選用高速公路、高架路出入交流道。

大商場需要大停車場，場內的車流動線，進出停車場必須配合車流方向，避免進出同一車道口。停車場的設置有地下、樓頂、另蓋停車大樓，台灣高雄的夢時代購物中心，停車場設備完善，可開車直接到該樓樓層，顧客進出商場非常方便。

平面規劃實例參考：A購物中心 1 樓精品店

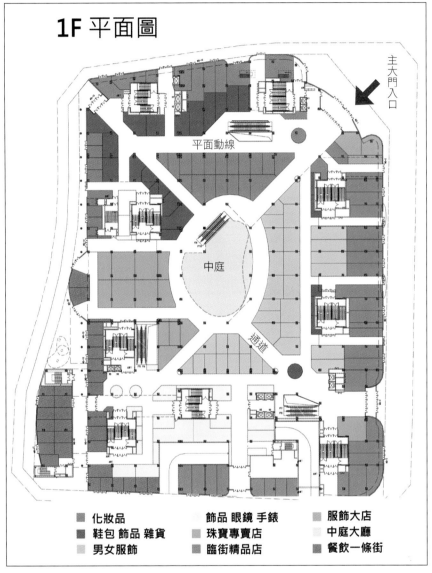

1F 平面圖

主大門入口

平面動線

中庭

通道

■ 化妝品	▢ 飾品 眼鏡 手錶	■ 服飾大店
■ 鞋包 飾品 雜貨	■ 珠寶專賣店	▢ 中庭大廳
▨ 男女服飾	■ 臨街精品店	■ 餐飲一條街

說明：

1. 平面圖中各種不同色塊劃分出各類不同商品區域。

2. 每個商品區域內劃分出各品牌專門店，白色為通道平面動線。

3. 大樓四周淡紫色區域內劃分出各店部分，為特別保留，提供高租金或售出的店舖，全部面向大馬路。

平面規劃實例參考：Ａ購物中心服裝樓

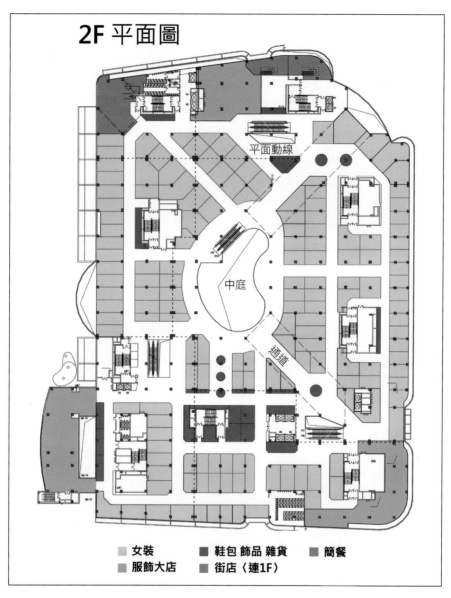

說明：

　1. 平面圖中各種不同色塊劃分出各類不同商品區域。

　2. 每個不同商品區域內劃分出各品牌專門店。

　3. 白色為通道平面動線。

平面規劃實例參考：Ａ購物中心頂層餐飲樓

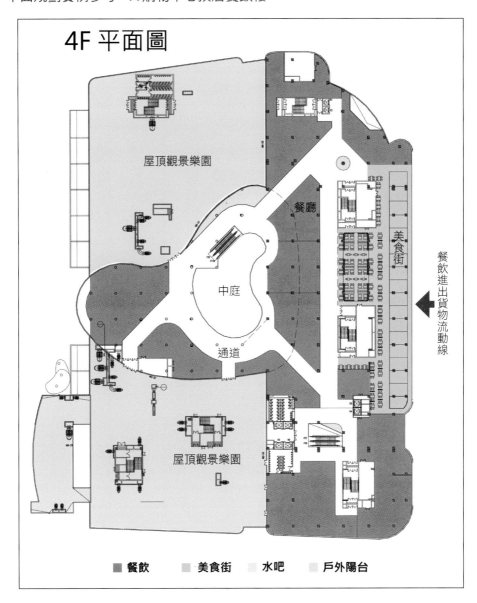

4F 平面圖

屋頂觀景樂園

餐廳

中庭

通道

美食街

餐飲進出貨物流動線

屋頂觀景樂園

■ 餐飲   ■ 美食街   □ 水吧   ■ 戶外陽台

　白色為通道主動線，紅色為各大品牌餐館，菊黃色為來自各地的點心料理美食街。

　淡卡其色部分為屋頂觀景公園，有屋外咖啡屋、空中酒吧、觀景台、音樂台，是人們夜晚休閒的好地方。

大型量販超市：一般設置 1-3 樓，部分加上外賣專門店
現以單一樓為例

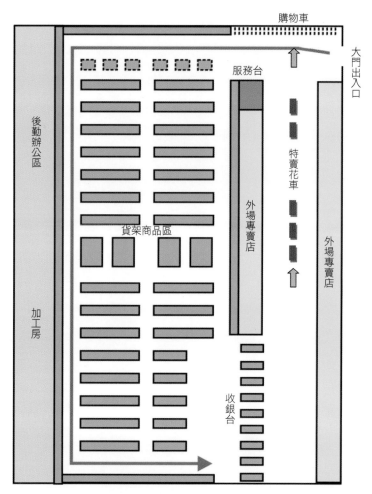

藍色是 T 型大貨架，商品分類擺放
黃色是外場專賣店，區分為品牌專門店及餐飲店
粉紅色為服務台，辦理卡務、處理退貨、贈送、顧客詢問
紅色為特色花車或舉辦活動
淺灰色是加工房、後勤辦公室區、收發貨區
量販超市的動線是採 One way 方式，沿主道一路直通，沿途可看到旁邊
貨架商品，必要時再拐彎進入採買。
結帳後經外場專賣店到大門出口，動線一氣呵成。

四、樓面店舖規劃

1. 購物中心、百貨公司：

    購物中心以主力店、品牌店為主，大部分是承租戶。

    百貨公司以專櫃居多，大部分是以營業額按議定的抽成比率計算貨款，有部分是承租戶按租金來計算，也有百貨公司是採用兩者取其高計算，這要看他們的算法何者有利去決定。

    (1) 規劃樓面商品區：先將各樓平面圖劃分出各商品類的區域配置
    (2) 將區域細分化為各店舖並加以編號
    (3) 計算出各店舖的實際面積〈租金用〉

        全樓分攤面積〈物業用〉及各店舖物業分攤面積

    案例

樓層	編號	店舖面積	樓層建築面積	樓層使用率〈得舖率〉	樓層分攤建築面積〈分攤面積〉
1F	1F-001	49.1㎡	15,390㎡	45.38%	108.2㎡
總計	465 店	6984.7㎡	15390㎡	45.38%	15390㎡

    得舖率：6984.7／15,390＝45.38%

    分攤面積：49.1／45.38×100＝108.2㎡

2. 倉儲量販：

    倉儲量販大都自營，場內自家規劃商品及陳列器材，唯有外場租戶時加以計算出各店舖的實際面積〈租金〉及分攤面積〈物業用〉。

五、樓面店舖承租戶設計施工守則

在簽訂承租意向書後，出租人將提供一份設計材料集，承租的設計師可依據此材料開始進行設計，上述設計材料集的內容包含：

1. 承租戶裝修設計規範
2. 承租戶裝修施工規範
3. 下列五張承租區的圖紙（A3 列印及 CAD 電子檔）

    建築平面圖、電氣平面圖、火警廣播平面圖、消防及排水平面圖、空調平面圖

上述圖紙的內容乃摘錄自建築施工圖，並非完全反應現場施工完成的狀況，承租人及其設計師和施工單位必須自行負責現場丈量及核查實際的現狀。

初步設計（第一階段工作）

在詳細閱讀本設計規範後，運用出租人提供的設計資料集，承租人的設計師必須提送一份初步設計圖紙，說明承租人的設計意圖，並在開始繪製施工圖紙之前，理清任何與設計相關的議題。

初步設計圖紙應包含下列內容：
1. 平面圖（1：100 或 1：50）
2. 反射天花平面圖（1：100 或 1：50）
3. 標準室內剖立面圖（1：50）
4. 店面剖立面及招牌圖（1：50）
5. 機電設施平面圖及容量需求
6. 透視效果圖

在收到上述圖紙七天後，內裝管理部將召開第一階段會議，向承租戶說明審核意見，並為下一階段的施工圖作業設定時程，在此會議中並將討論承租範圍內的機電設施變化，所可能會衍生的費用。

施工圖紙（第二階段工作）

承租人的設計師應依據初步設計的審核意見及討論結果，修正深化所有先前的設計圖紙並繪製施工節點，所有圖紙都應詳細並標明尺寸，不接受手繪圖稿。

施工圖紙應包含下列內容，並應同時提送列印圖紙及電子檔案。
1. 平面圖
   任何隔牆位置，尺寸及材料
   地面材料，拼花圖案及節點
   固定及活動家具位置
2. 反射天花平面圖
   天花板的造型及高度
   燈具數量，型式及位置
   灑水噴淋頭，偵煙器，排煙口，空調出回風口，緊急廣播及照明的位置
3. 室內剖立面圖
   各項立面的裝修及裝飾材料及節點

4. 店面設計

平面、立面及內面櫥窗形式大樣

5. 電力圖

電力系統單線圖，即照明、插座、動力平面配置圖

電力設備規格及負載計算表

電話、寬頻、共用天線及 POS 的出口位置

上下水圖（僅限餐廳，美容及其他有上下水的租戶）

上下水管線及設備配置圖

6. 廚房配置圖（僅限餐廳）

煤氣偵測，排油煙罩，節油槽，廚房及冷凍等設備的設計平面配置圖與型
式規格表

7. 粉刷表

8. 材料樣板

所有顧客可見區域的材料及顏色

初步裝修時程表

　　在收到施工圖紙七日內，內裝管理部將審核圖紙，並召開第二階段會議，
向承租戶說明審核結果。若施工圖紙未被核准，承租人的設計師應於會議後七
日內修正圖紙，並再度送審。

六、樓面店舖承租戶設計施工規範

　　為使賣場形象統一，各專櫃之間更利於銜接，擬定以下乙丙工程之設計規
模，要求各名店、品牌專櫃在進行裝修時嚴守此規範並嚴格執行，以利工程進
度及日後公司之營運。

　　1. 基本要求：

　　(1) 各店、專櫃自行的內裝設計，以現場放樣為準，設計人員須親自到現
場實地測量核實，不以公司提供櫃位圖為依據，否則自負後果和損
失。

　　(2) 自裝自設之設計圖面，應交營業部門初審，再送公司指定設計審核部
門，經蓋章同意後方可施工。施工中若發現有違反法規或與鄰櫃銜接
不妥、用電超載情況時，本公司有權利提出要求修正。

(3) 專櫃自設之設計圖紙要加編號，以 E-mail 或快遞方式寄交本公司。

　　註：a. 附上施工作業進度表〈2 份〉

　　　　b. 委託代裝之設計圖經核准蓋章後，提交 10 份由本公司統一發包。

　　　　c. 任何設計圖經本公司核准蓋章後方可施工，廠商派人現場監工。

　　　　d. 各店、專櫃裝修材料均需防火材料或符合消防法規之規格品。

2. 天花板及燈具設計規範

(1) 各樓天花板造型及基本造型均由本公司統一施作，各店櫃不得修改、拆除遮擋，特殊品牌名店專案報批核准後方可施工。

(2) 天花板裝設之噴淋頭、出風口、偵煙器、廣播喇叭、監視器等不得移動。

(3) 裝設之燈具均為省電高效型，審圖時一併提出型號、用電量、燈位圖等。

(4) 所有照明均須統一接連本公司指定之電氣迴路以保安全及統一開關管制。

(5) 特殊行業〈小吃店、咖啡廳、舞廳〉使用燈具及用電量均需由公司認可。

(6) 霓虹燈、LED 特殊廣告用燈，除提出特別申請外，電板接頭須遠離顧客。

(7) 店內銷售區內不得使用日光燈，日光燈之裝設必須隱形，採間接光照明。

(8) 天花板新增造型，均須在提報時一併提出，以供審核。

3. 地坪工程

(1) 壁面：各店、專櫃之壁面，以公司劃定線為準。如已砌牆則以砌牆為界。

(2) 地坪：各店、專櫃之地坪由各公司施作，但與公設區收口處，統一採用 15×10×10mm×1mm 厚之毛絲面不銹鋼條收邊。

(3) 所有電氣插頭，均引自鄰近之壁面、柱面，且不得破壞本公司原有鋪設的地坪，並以扁弧形壓線槽處理。

4. 高度限制與統一規範
   (1) 壁面區域、壁面櫃與柱面裝修之統一高度均為 2,700mm，商品櫃高
       度 2,400mm，櫃上廣告 300mm
   (2) 中島區：依業種不同規範如下

樓層	業種	櫃面櫃高度	柱面櫃高度	櫃深	玻璃櫃	中島活動櫃	中島底櫃	試衣間
1F	珠寶	H＝2700	H＝2700		高×寬 950×600			
	化妝品	H＝2700	H＝2700		高×寬 950×600			
	鞋	H＝2700	H＝2700			高×寬 1350×650	H＝450	
	包	H＝2700	H＝2700			高×寬 1350×1250	H＝450	
2F	女裝	H＝2700	H＝2700	W＝450		間隔櫃 H＝1550 活動櫃 H＝1500	H＝450	長×寬×高 1000×1000×2400
3F	童裝	H＝2700	H＝2700	W＝450		H＝1250	H＝450	長×寬×高 1000×1000×2400
4F	男裝	H＝2700	H＝2700	W＝450		間隔櫃 H＝1550 活動櫃 H＝1500	H＝450	長×寬×高 1000×1000×2400
5F	家用	H＝2700	H＝2700			H＝1350－1500		

5. 大商場店舖門頭統一規範

(1) 門頭規範

公共柱面由出租人施做　道牌由乙方照甲方規定做
新排風系統由出租人甲方施做

店舖招牌位置由甲方統一製作基礎
乙方按規定裝修完成

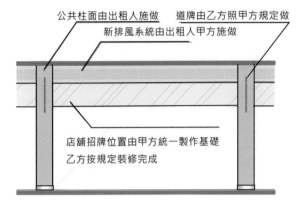

玻璃門由乙方承租人完成

店頭不銹鋼收邊由甲方施做

公共區域地面由甲方施做

店舖地板

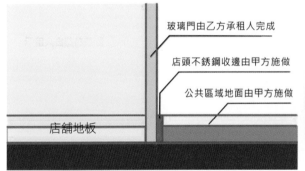

(2) 店舖分隔的形式：以門柱分隔

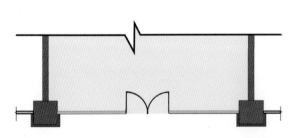

(3) 店舖分隔的形式：以隔牆分隔

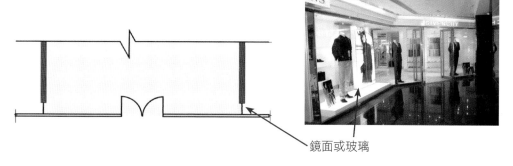

鏡面或玻璃

(4) 店舖形象的統一：以店面招牌統一

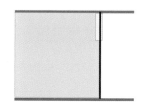 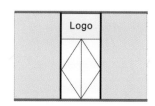

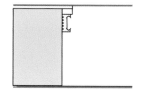 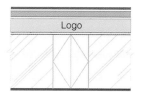

(5) 店舖形象的統一：以柱面裝修統一
　　　　　　　　　控制高度統一

大商場店舖門頭統一，顯示一家商場的賣相格調，從統一形象中去塑造各店特色。

　　國際一線名品都有其全球統一的形象，可以劃分出特區去表達自身的特色。

　　如果購物中心是一家很強勢的商場，還是會要求國際一線名品符合統一形象，例如香港的圓方廣場就做到了。

其他樣式

◀上方燈火照亮通道。

◀上緣是冷氣空調。

第4章　大商場──招商篇

　　大商場的招商是一項很艱困的工作，以往只要有好的場地，廠商往往意願高，搶著要進場。隨著時代的演進，如今要去拜託廠商來，甚至要接受廠商苛刻的條件。大商場希望招到知名主力店及品牌商品以增加聲勢，常常好的不來，卻招來許多不好的廠商品牌，導致營業不佳、難以營運下去。

　　台灣、大陸有許多購物中心、百貨公司面臨招商困難，雖然有聘請專業招商公司代招，失敗的例子還是很多。如果在同地域拓展第二店，招商工作就比較容易。

01 招商作業工作內容

1. 招商人員組織：招商作業人員的建立編制及職權制定、進度管控
2. 招商策略方案：招商策略的擬定、分階段、分類別展開具體招商工作
3. 營運政策確定：確定各樓店舖租金、抽成、聯扣點標準
4. 招商流程定案：作業目標工作流程的擬定、作業費用的估算，進度表的設定
5. 招商文件備齊：招商工作報表、商戶資料、簽約用表、專櫃申請用表，聯營合同、租賃合同、管控用表
6. 招商物料備齊：宣傳品〈樓層簡介〉、夾頁、文宣印刷品、易拉寶展架、招商海報、建築物景觀模型、贈品等

7. 擬訂獎勵辦法：擬訂招商人員，有關招商獎金的計算、分配及發放
8. 招商推廣方案：擬訂推廣計畫、召開招商說明會及募集加盟代理商
9. 物業管理確定：選好物業管理公司，專業處理物業工作
10. 業態商品落位：業態劃分及分櫃計畫、招商目標制定，類比品牌討論及落位

02
招商作業流程

作業程式	作業內容	檔案和紀錄
一、開展作業	根據公司的 ● 經營戰略 ● 業態配置計畫 ● 行銷推廣計畫 ● 開店招商計畫 ● 租金計畫 展開招商作業	
二、資源開發	根據公司的市場定位 ● 開發廠商資源 ● 建立廠商品牌資源資料	
三、目標設定	● 審核廠商資料及經營實力 ● 對品牌資源進行甄選和篩選 ● 設定目標品牌計畫 ● 建立招商進度控制表	
四、招商談判	廠商意向洽談 → N	
五、意向審批	Y 意向書審批簽訂	

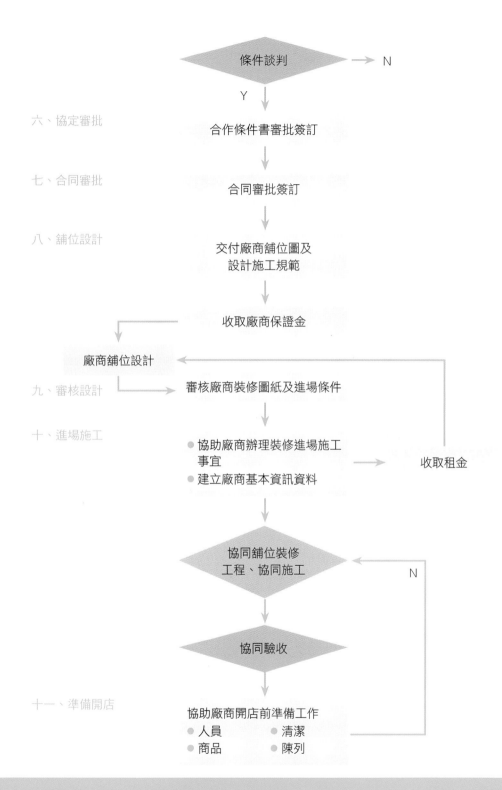

六、協定審批

七、合同審批

八、舖位設計

九、審核設計

十、進場施工

十一、準備開店

條件談判　　　→　N

Y

合作條件書審批簽訂

合同審批簽訂

交付廠商舖位圖及
設計施工規範

收取廠商保證金

廠商舖位設計

審核廠商裝修圖紙及進場條件

協助廠商辦理裝修進場施工
事宜
建立廠商基本資訊資料　　→　收取租金

協同舖位裝修
工程、協同施工　　　←　N

協同驗收

協助廠商開店前準備工作
人員　　清潔
商品　　陳列

03 招商推廣階段

項目	第一階段 準備期	第二階段 招商推廣期	第三階段 調整期	第四階段 招商強勢期	第五階段 開幕前
推廣策略方向	項目品牌形象個性的設定	全面推廣全員招商活動	年節商忙碌再加強聯繫	強勢推廣全面性招商活動	招商最後衝刺
	招商中心成立配合運作	側重主力店餐飲、娛樂	檢討所投放範圍內客戶	利用簽約發放招商推廣消息	開始開幕預告
	少量公關文宣注重軟性報導	主要媒體開始投放、軟性報導	進行直銷推廣	大量媒體廣告投放	大量媒體投放
	廣宣媒體整合網站籌建	舉辦簽約會座談會	問候有意向的客戶	舉辦各項推廣活動	策劃開幕計畫
	招商用品、招商手冊、短片	加強招商中心附近廣宣氣氛	適量媒體投放、推廣	品牌捆綁活動推介	準備開幕各項活動
	案名、CIS 標示系統確立	舉辦各項推廣造勢活動	舉辦各項推廣活動	引用外力聯合造勢	全店全面裝飾佈置

04 招商方案

一、成立招商中心，只租不賣〈大廣場、購物中心〉

1. 成立招商中心包裝：
   室內外展示設計與佈置、接待台、洽談座位、VIP 室、標準制服、大樓模型、展板海報、吊飾
2. 招商組織：成立組織、人員培訓
3. 招商用品：
   服裝、銷售用品、贈品、提袋、文宣用品、表格、VCR 影片、投影設備
4. 招商物料準備工作、招商手冊、簡冊、短片、平面圖、模型
5. 營業之樓面配置、店舖面積及商品規劃與進度計畫
6. 負責承租櫃位、攤位、店舖、區段之廠商募集
7. 設定租金標準或業績抽成，兩者取其高

二、成立銷售中心，只賣不租〈大商場、商業地產〉

1. 同招商中心聯合成立
2. 負責適合銷售部分
3. 確定平面圖、效果圖、銷售樓書、大樓模型
4. 價格策略
   設定每平米銷售標準、確定銷售價格、優惠辦法、付款方式和進度、樓層和方位差價、入市價格
5. 辦理合約與按揭事宜
6. 人員培訓
   有舒適的接待中心，大建築模型，服務人員標準制服為來客服務。

三、成立銷售中心，有賣也有租

複合型態，租售雙方面都有，兩者取其高，產權要清楚。

四、成立採購中心〈大型量販店〉

依照商品採購計畫，由各類商品採購負責人去選擇優良品牌商品的廠商洽談，雙方議定交易條件、訂約，然後開始進貨、訂價、陳列、銷售、結帳付款。

商品是自家進貨，因此需要有一筆巨額採購資金的準備。

05 招商戰略

一、品牌形象戰略

在全面招商工作中推廣項目的經營理念和市場地位，以樹立公司統一對外形象和業內良好信譽為目的。

二、資訊戰略

熟悉本地市場經營特色及經營狀況，掌握本地商業企業，特別是競爭對手的商業資訊和經營情況，大幅度收集品牌公司的資訊和資料建檔。

三、招商戰略

對所設定的目標定位有明確的認識和共識，明確招商的進度和時間點明確，各部門和各人員的工作分工，對如何展開招商有明確的思路。

四、加大新品牌比重、增強吸引力

通過外埠招商加大新品牌在本項目中的占比，與其他商家品牌錯位，以增強商品吸引力。

五、靈活調整、專業操作

在整體經營和佈局的前提下，對品牌引進過程中根據目標品牌實際需求和重要性，合理調整業種和品牌之間的搭配。這需要業務人員的專業性和靈活性。

1. 由大到小、由主到次地對目標品牌進行摸底，根據主力品牌的實際需求對所在樓層、所在位置、進行合理調整。

2. 針對主力品牌組合和規劃上的要求，在操作中給予搭配性的調整。

3. 對目標品牌在舖位面積、配套、裝修、物業等方面的要求進行合理改動和協調。

4. 在實際招商中對不能達成目標的業種和品牌進行快速反應，對所在位置迅速設定替補方案並實施。

5. 加強服務、創造良好氛圍，對於很多品牌商來說，盈利是一方面，良好的溝通和合作也很重要。

   (1) 招商人員要具備良好的心態和服務意識。

   (2) 對待商戶做到尊重、禮貌、一視同仁。

   (3) 維護公司利益並替商戶著想，做好參謀。

   (4) 對出現的問題及時解決、不推諉。

   (5) 認真、負責、保證工作效率、兌現承諾。

6. 條件洽談、講求策略

   (1) 洽談技巧

   在洽談中招商人員將在定價基礎上進行價格上浮洽談，以保證公司利益和洽談空間。針對不同商戶採用不同洽談對策。

   (2) 對主力店給予面積和價格上的優惠

   主力店可以吸引客流、對購物中心的功能達到補充作用、雖然行業合

作條件低，但還是應給予面積和價格上的優惠，從而吸引其進入。

(3) 價格區別

洽談中就樓層不同、位置不同、業種不同、舖位大小不同等因素，對價格進行合理區分。

六、各樓層品類及品牌規劃、定位

各樓層品類確定，品牌商品落位，依照計畫開始展開招商工作，如首層商品的品類確定為化妝品、國際精品店、黃金珠寶店〈高租金〉。在規劃店面時，要了解他們需要多少面積、相互間的關係，先設定商品然後落位，依照設定的品牌〈需備用品牌候補〉開始招商，經過洽談、調整後，最後才確定。

七、招商洽談須知

商戶資信狀況

1. 商戶的資信證明：營業執照、稅務登記證、公司代碼證、開戶許可證、開戶銀行／帳號。另參考廠商所需資質證明。
2. 商戶的企業背景：資金實力、市場誠信度、集團公司、有限公司、代理商。
3. 商戶的發展計畫：品牌發展個數，品牌擴展速度、品牌擴展區域。
4. 商戶的公司簡介資料、品牌簡介資料。

商戶經營狀況

1. 品牌擁有：擁有品牌的數量和名稱。
2. 品牌知名度：國際性、國內頂級、國內一般、區域性…，種類繁多，僅供參考。

   國際一線：擁有相當知名度的國際精品品牌如 LV、CHANEL、CD、YSL、Hermes、Prada、Armani、GUCCI、Burberry、Boss

   國際二線：擁有知名度的國際流行品牌如 UNIQLO、H&M、Nike、Levis、Pierre Cardin、ZARA、Lacoste、DKNY、Jack Jones、Only、MANGO、ESPRIT。

   國內一線：擁有相當知名度的國產流行品牌如 Jessica、達芙妮、G2000、Tonywear、Olivo、百諾禮士、報喜鳥、金狐狸、真維斯、百麗、七匹狼、森馬、蜜雪兒、巧帛、哥弟、奇哥、麗嬰房。

3. 品牌覆蓋的市場範圍：國際、國內、省、市、區。

4. 經營屬性：直營、總代理、一般代理或其他。

5. 經營業種：依公司、業種分類表歸類。

6. 商品定位：

    (1) 定位明確、款式優、品質優良

    (2) 定位適當、款式好、品質穩定

    (3) 品牌多而雜、款式一般、品質較差

    (4) 商品價格：高、中、低、價格帶寬廣

7. 品牌競爭：商戶的品牌競爭物件。

8. 宣傳策略：中央、省級、地區媒體、配合商家狀況。

9. 市場績效：商戶品牌單點單櫃每月的平均業績。

舖位合作狀況

1. 雙方合作方式：

租賃、專櫃或保底租賃＋專櫃抽成

購物中心大部分是採用租賃方式，部分為銷售

百貨公司則是以專櫃抽成〈營業額的％成數計算〉

    (1) 百貨專櫃抽成作業準則：

        抽成：單純以營業額計算，依雙方協定折扣抽成率計算抽成金額。

        租金：依公司租賃費用規定辦理。

        租金＋抽成：除公司租賃費用外，再依營業額計算抽成金額。

        抽成＋單筆交易抽成：依營業額計算抽成額，但出現合約協定之單筆特定項目交易時，依該筆交易之抽成率計算。

        抽成＋業績達標後調整抽成：依營業額計算抽成額，但業績達到合約訂定之目標時，超出的部分調整抽成。

        抽成＋特價品限定：依營業額計算抽成額，當特價品比例超出合約訂定範圍時，超出的部分以雙方協定的抽成率計算。

        保底：

        A. 依業績〈可分月結或年結〉：

          依業績計算：專櫃業績不達標，要補足協定抽成額，超標時依實收全部金額計算抽成額

        B. 依抽成額〈可分月結或年結〉：

          依抽成額計算：專櫃未達約定的抽成額目標，要補足不足的抽成額，超標時依實際計算的抽成額抽成

專櫃合作條件明細表〈本表僅供參考〉

業態	業種		抽成標準			廣宣費	物業管理費	保證金	信用卡手續費
			進口 A	合資 B	國產 C				
男裝服飾	皮具類	男鞋	12-17%	18-22%	22-24%	1%	xx元/月/㎡	xxxx－xxxx元	1.50%
		女鞋	15-20%	18-22%	22-24%	1%	xx元/月/㎡	xxxx－xxxx元	1.50%
		皮具	15-20%	18-22%	22-24%	1%	xx元/月/㎡	xxxx－xxxx元	1.50%
	男裝	正裝	18-22%	20-25%	22-25%	1%	xx元/月/㎡	xxxx－xxxxx元	1.50%
		商務裝	18-22%	20-25%	22-25%	1%	xx元/月/㎡	xxxx－xxxxx元	1.50%
	運動類	時尚休閒	15-20%	20-25%	20-25%	1%	xx元/月/㎡	xxxx－xxxxx元	1.50%
		量販休閒	13-18%	16-20%	16-20%	1%	xx元/月/㎡	xxxx－xxxxx元	1.50%
		單品類	18-23%	22-25%	22-25%	1%	xx元/月/㎡	xxxx－xxxxx元	1.50%
女裝服飾	女裝	國際名品	15-18%	18-23%	22-25%	1%	xx元/月/㎡	xxxx－xxxxx元	1.50%
		淑女裝	15-18%	18-23%	22-25%	1%	xx元/月/㎡	xxxx－xxxxx元	1.50%
		少淑女裝	15-18%	18-23%	22-25%	1%	xx元/月/㎡	xxxx－xxxxx元	1.50%
		少女裝	15-18%	18-23%	22-25%	1%	xx元/月/㎡	xxxx－xxxxx元	1.50%
精品類	珠寶	黃鉑金	——	——	5-7%	——		xxxx－xxxxx元	1.50%
		鑽石	——	——	15-18%	1%		xxxx－xxxxx元	1.50%
		珠寶	——	——	15-18%	1%		xxxx－xxxxx元	1.50%
	錶	名錶	5-7%	——	10-13%	1%		xxxx－xxxxx元	1.50%
家居類		床品	15-18%	——	20-25%	1%	xx元/月/㎡	xxxx－xxxxx元	1.50%
		廚具五金	5-10%	10-15%	15-20%	1%	xx元/月/㎡	xxxx－xxxx元	1.50%
		小家電	5-10%	10-15%	10-15%	1%	xx元/月/㎡	xxxx－xxxx元	1.50%
		藝品	——		20-25%	1%	xx元/月/㎡	xxxx－xxxx元	1.50%

(2) 抽成有關規定：

折扣率抽成訂定原則：

A.每降一個折扣，抽成率降 1%

例：正品　　8 折　　7 折　　6 折　　5 折　　特價

　　23%　　21%　　20%　　19%　　18%　　18%

B. 依公式計算

正品抽成／2X1

例：正品 23% 時，7 折為 23%／2×1.7=19.55%〈四捨五入＝20%〉

如臨時櫃或商品多樣管制不易時，一律以訂價單一抽成率為原則。

特殊業種、特殊品牌由部門經理另專案呈報。

2. 商戶經營所需最小面積、較有效益面積。

品牌店：150 ～ 400 ㎡

旗艦店：400 ～ 1000 ㎡〈全國示範店另定〉

3. 商戶工程技術要求條件：裝修介面、水電、空調、煤氣等。

4. 商戶的營業時間狀況。

5. 商戶一般租賃合作年限。

6. 裝修費用負擔：

(1) 商場全額負擔〈部分商場先付，按月回收〉

(2) 品牌商全額負擔

(3) 雙方各分擔 50%

7. 抽成訂定應考慮的地方

(1) 同行同業的抽成行情

(2) 樓層、地點位置因素

(3) 可開發及培養的潛力

(4) 公司的政策、有特殊性或行銷策劃

(5) 裝潢補助方式或付款條件

八、廠商評定表

品類：					日期： 年 月 日	
公司名稱		品牌〈英〉		品牌〈中〉		
聯繫人		電話		E-mail		
經營屬性	□直營　　□總代理　　□一般代理　　□其他					
商品定價	□全國統一價　　□地域不同價　　□其他					
商品定位	品牌	□A　□B　□C　□D	風格			
	客層	□高　□中高　□中	價格帶	春夏： --	秋冬： --	

同業櫃位	A 名稱	合作方式	櫃位面積㎡	品種數	月均業績　元
	B 名稱	合作方式	櫃位面積㎡	品種數	月均業績　元
	C 名稱	合作方式	櫃位面積㎡	品種數	月均業績　元
	D 名稱	合作方式	櫃位面積㎡	品種數	月均業績　元
	E 名稱	合作方式	櫃位面積㎡	品種數	月均業績　元

以下部分由招商負責人詳實評分

	品牌知名度	品牌定位	廠商實力	廠商配合度	廠商屬性
級別評分	一般區域品牌　　　15	品牌多且雜品質款式一般　　　12	貨源一般資金不穩　　　12	配合度一般　　　12	一般代理　　　10
	國內二三線較知名品牌　　　20	商品定位較好品質款式較好　　　16	供貨正常資金穩定組織良好　　　16	配合度良好合約正常　　　16	總代理　　　12
	國際一二線國內一線品牌　　　25	符合定位品質款式極好　　　20	貨源充實穩定資金雄厚　　　20	配合忠誠度高積極態度良好　　　20	直營公司　　　15
總分	得分	得分	得分	得分	得分
級別	A. 86-100 分	主要引進商戶	C. 61–70 分	備檔引進商戶	
	B. 71–85 分	次要引進商戶	D. 60 分以下	不予引進商戶	
商戶簡述					
部別	承辦人	招商經理	招商副總	總經理	

九、優惠政策

制定優惠辦法，如先簽一年有優待、租多店優待、半年或多年免租金，公司政策性補貼裝潢。

十、招商方式

1. 舉辦招商說明會

   本地、外地，選擇及排定時間地點，在大飯店或會所盛大舉辦，大規模邀請廠商出席，備有齊全文宣資料，對專案做好說明，爭取招商順利開展。

2. 招商酒會

   在外地舉辦招商酒會，邀請當地相關協會、商家、知名人士出席，以餐會招待，同時展開招商工作。

3. 直銷式招商

   由招商中心直銷，憑藉個人社會、廠商關係，登門拜訪或透過引介招商。

4. 記者新聞發表會

   備好記者邀請名單，在大飯店或會所舉辦，將專案做詳細的新聞發布，會後聚餐，對記者做更進一步說明。

5. 品牌廠家簽約酒會

   著名品牌加盟，選擇在大飯店或會所舉辦簽約酒會。簽約種類有簽意向書及簽合約書，邀請著名廠家出席，最好多家一起來簽約以壯聲勢，超級大牌商則單獨召開。

6. 座談會、專訪會

   邀請名人、專家來訪，做專題演講或舉辦座談會，邀報社商業記者作專訪報導，間接引發專案報導。邀請廠商參加，相互瞭解，同時作專題演講。

7. 造勢活動

   舉辦各種相關活動，包括公益活動、特惠活動、贈獎活動、參展活動（如年度服裝展、專題活動）、商業集團活動、年節裝飾演出。

8. 委託招商專業顧問公司

   委託國內知名招商公司，協助招商推廣，行情是每引進一家報酬，為第一個月租金〈也有 1.5 個月〉。

9. 加盟會（稼接）

   專為品牌廠商招募當地代理商，可多家合併舉辦，加盟會上各品牌廠商全力推介各自商品，招募品牌代理商。

10. 特別優惠

    一年免租、低息貸款、裝潢補助等優惠，特別時段簽約有優惠或補助。

11. 商展、專業集會

    參觀各大型專業商展，收集名牌大廠資料，如北京服裝展。

12. 取得同業廠商名錄

　　這是捷徑，從同業廠商名錄直接招商，但要細心過濾。

十一、行銷手法

1. 借勢造勢：

　　成功地借助一個強勢平臺或公眾關注度較高的主體，從中突圍而出。

2. 規模複製：

　　將相同的「成功模式」複製到不同區域，產生規模效應。

3. 資源分享：

　　享受各種不同的既成資源，轉換為對自己的有利條件，達到預期的效果。

4. 創造差異：

　　將競爭對手做出差異的比較，有效突出自己的長處優點，說明成立大商場的特點、優勢、亮點。

5. 主題明顯：

　　對於正處於起步的階段，一個合適的名稱，是最重要的行銷工具。

6. 巧立名目：

　　全市第一家旗艦店、全國第一家旗艦店、DNA 克隆店、升級版的專門店。

7. 大做文章：

　　大眾廣告不是打開品牌的萬靈丹，多做新聞軟性報導，新聞行銷才是有效的選擇。

8. 優惠政策：

　　適時的低價、降低租金、補貼裝潢、早鳥優惠。有效的優惠是最原始有效的方法，但要看準時間、地點，不能任意亂用。

9. 安全跟進：

　　借助商場領先者在消費需求、商品策略、經營模式等方面的準確把握，避免因市場判斷失誤等帶來的風險，安全地切入市場。

10. 建立智庫：

　　平時就要收集各種資料，包括新聞、雜誌、影片照片、電子檔、專業書籍…等，分門別類以備急用。

11. 專業教育：請專業人士做相關業務培訓。

12. 承諾服務：提供工商證照手續服務，以及物業保證安全承諾。

十二、招商物料準備工作

招商物料準備工作
招商手冊〈決定商戶的第一印象〉
商場商圈地圖
宣傳折頁
各樓層平面圖
VCR、PPT、CD、KEY NOTE、海報、宣傳單、宣傳冊
商戶資料
商戶洽談紀錄
意向書
協議書
合約書
招商進度計畫表
企劃、販賣推進計畫表
廣告、宣傳媒體預定表
招商事務用品（名片、電腦、文具）

十三、商戶進度控制

1. 商戶資料：
   舖位、品類、品牌、公司名稱、使用面積〈現場實際〉、建築面積〈公共分擔〉
2. 租金條件：
   標準租金〈元/天/建築平米〉、標準扣率％
   簽約租金〈元/天/建築平米〉、租金達成率
3. 進度控制：
   廠商資料建檔
   招商資料發送、招商洽談
   租賃申請書、認租確認書、租約合同及附件
   首期履約保證金、首期租金、現場丈量
   發放設計施工規範、商戶出圖、審圖

首期物業費、裝修押金、辦理進場手續、進場施工、驗收
證照辦理、人員招聘培訓、進貨、開幕、開始營運

06
店舖計畫與租金、物業管理費計算

整體開發案經過基本設計後，樓面的商舖與商品計畫會有一個明確的目標與方向，計算店舖與租金的過程如下：

1. 根據商品計畫、面積大小需求及動線規劃，開始平面圖的動線兩側進行店舖規劃。
2. 把規劃好的店舖加以分區編號，如 1fA001…、2fB001…。
3. 各店舖標上編號、實際面積。
4. 統計各樓面積、店舖數，店舖面積總數、公共區面積，求出得舖率。
5. 得舖率的高低直接影響到租金的收入。
6. 參考地方租賃情況及本身的條件，訂出基本租金。
7. 店舖租金是按每㎡/每日/元的基數計算。

   如 A 店每月店租每㎡/每日租金是 xxx 元，xxx 元 x100㎡〈假設〉＝ xx,xxx 元。
8. 基本租金訂出後，因各店舖有各種不同因素，需要考慮對店舖加以調整租金，好位置要加租，偏遠地點要減租。

租金計算辦法

1. 訂出基本租金〈參考地方商場租賃情況及本身的條件〉
2. 變動系數
   (1) 樓層系數：1F → 1.3
   　　　　　　　2F → 1
   (2) 區域系數：A → 1　B → 0.9　C → 1
   　　　　　　　D → 1　E → 0.9　F → 1
   (3) 通道系數：8m　通道 → 1.1
   　　　　　　　3-4㎡通道 → 1
   　　　　　　　2.4㎡ 通道 → 0.9
   　　　　　　　2.4 面積系數：20㎡以下 → 1.1
   　　　　　　　21-30㎡　→ 1

31㎡以上 → 0.9

(5) 地形係數：橫長方 → 1

縱長方 → 0.9

(6) 舖面係數：單面 → 1

雙面 → 1.1

如有其他特別因素另定特別係數再乘之

以 1-2F 店舖位置好壞為例：1FA8 街頭好位置，B47 一般，2FE53 位置差

舖位編號	舖位面積	基數	樓層係數	區域係數	通道係數	面積係數	地形係數	舖面係數	其他	租金調整基數
1F-A8	25.5㎡	30	1.3	1	1.1	1	1	1.1		32.5
1F-B47	17.9㎡	30	1.3	0.9	0.9	1.1	1	1		31
2F-E53	21.3㎡	30	1	0.9	0.9	1	1	1		29

基數：30 元/㎡/日，經租金係數計算後租金均價可望提高至 31～32.5 元，如還不夠可考慮提高部分係數或在其他項目調整

物業費：150 元/㎡/月〈含基本電費〉

得舖率根據提供的資料可得知是 58.78%，已經相當高了。

物業管理費計算辦法

單店的物業管理費＝每天每平米〈坪〉單價×公攤的建築面積×每月的天數

單店公攤的建築面積＝單店實際面積／得舖率

即（總實際面積/總建築面積）

例：總建築面積 10000 平方米，實際面積 4800 平米

得舖率＝4800/10000＝48%

單店實際面積＝30 平米

公攤後的建築面積＝30/0.48＝62.5 平米

假設物業費是 5 元/天/平米（建築面積）

30 平米的店舖，每月的物業管理費＝5×62.5×30＝9,375 元

〈一般物業管理費是按每個月計算〉

07

店舖租賃及設櫃意向書、承諾書〈協議書〉、合約書例

一、店舖租賃意向書

甲方：＿＿＿＿＿＿＿＿＿＿＿＿＿（以下簡稱甲方）

乙方：＿＿＿＿＿＿＿＿＿＿＿＿＿（以下簡稱乙方）

甲、乙雙方本著平等互利的原則，就乙方在本商場租賃商舖事宜，達成以下意向：

1. 租賃部位：＿＿＿樓＿＿＿＿＿＿號舖位。
2. 租賃面積：暫定為＿＿＿＿＿＿平方米（實際店舖建築面積，以最後雙方確認的圖紙註明範圍為準）。
3. 租賃期限：為＿＿＿年；自＿＿＿年＿＿＿月＿＿＿日至＿＿＿年＿＿＿月＿＿＿日止。
4. 租賃免租期：自簽訂租賃合約日後起，共＿＿＿日為免租裝修期。
5. 租金：＿＿＿＿＿＿元/平方米/月；第＿＿＿年後租金逐年遞增＿＿＿%。
6. 租賃押金：相當於＿＿＿個月租金，共計：＿＿＿＿＿＿元。
7. 物業管理費〈管理費〉及其他：
   物業管理費：＿＿＿＿＿＿元/平方米/月。
   水電氣費：乙方根據用量每月支付經營電費、水費、煤氣等費用。
8. 物業管理費〈管理費〉押金：相當於＿＿＿個月管理費，共計：＿＿＿＿＿＿＿元。
9. 推廣費：＿＿＿＿＿＿元/平方米/月。
10. 開業廣告贊助金：＿＿＿＿＿＿元/商舖（一次性支付）。
11. 租金和其他費用的支付：進場（裝修）前 10 日內，乙方支付＿＿＿個月租金和＿＿＿個月物業管理費；以後每租金和管理費到期前 10 日支付，水電煤氣費每月 5 日前支付。
12. 商舖裝修：乙方或乙方施工單位進場裝修，需按甲方規定繳納裝修保證金和垃圾清運費。
13. 用途及營業時間：該商舖必須用於＿＿＿＿＿＿＿＿＿品牌（類別＿＿＿＿＿＿）的經營，並保證 365 天全年營業。營業時間遵照甲方規定時間，不得任意自行改變。

14. 本意向書經甲、乙雙方簽字、蓋章後生效。

15. 本意向書一式二份，甲乙雙方各持一份。

16. 本意向書如有未盡事宜，雙方友好協商解決。

甲方：出租人　　　　　　　乙方：承租人
（蓋章）：　　　　　　　　（蓋章）：
法定代表人：　　　　　　　法定代表人：
授權代表人：　　　　　　　授權代表人：
地址：　　　　　　　　　　身分證字號：
電話：　　　　　　　　　　地址：
　　　　　　　　　　　　　電話：
日期：　　　　　　　　　　日期：

此文件僅供參考，所有簽約的文件均須透過公司的法律顧問，交由公司委辦。

一般而言，意向書是用在新開設商場，先讓廠商初步選定，雙方有觀望的態度。台灣商場較少簽訂意向書，通常直接就申請設櫃、租賃簽訂合約。

台灣商場的管理費如同大陸的物業管理費。

台灣商場對店舖面積以坪計算，大陸依國際慣用平米m²計算。

二、設櫃意向書

甲方：＿＿＿＿＿＿＿＿＿＿＿＿（以下簡稱甲方）

乙方：＿＿＿＿＿＿＿＿＿＿＿＿（以下簡稱乙方）

經雙本著平等互利的原則，對乙方在本商場＿＿＿樓設櫃經營＿＿＿＿＿＿＿品牌櫃位的有關事宜達成以下合作意向：

一、面積：暫定為＿＿＿＿＿＿平方米（以最後雙方確認的圖紙註明範圍為準）。

二、合約期限：期限為＿＿＿年＿＿＿月＿＿＿日起至＿＿＿年＿＿＿月＿＿＿日止。

三、合約條件：

　　1. 營業額抽成為：＿＿＿＿＿＿％。

　　2. 每月保底為：＿＿＿＿＿＿元。

　　3. 乙方在確認甲方商場位置後 5 日內，須繳納設櫃保證金＿＿＿＿＿＿元。正式簽訂合同後該設櫃保證金轉作乙方保證金，（乙方撤櫃後三個月如雙方無債務糾紛則無息返還），若因乙方因素未能按合約規定時間

開業，該項保證金不予退還。

4. 開業廣告贊助金：_____元/櫃（一次性）。

5. 推廣費：_____元/月。

6. 物業管理費〈管理費〉：_____元/月。

7. 結算方式：月結票期：____天。

四、本意向書經甲、乙雙方簽字、蓋章後生效。

五、本意向書正本一式二份，甲乙雙方各執一份。

六、本意向書如有未盡事宜，雙方友好協商解決。

甲方：提供櫃人　　　　　　　　乙方：設櫃人

法定代表人：　　　　　　　　　法定代表人：

授權代表人：　　　　　　　　　授權代表人：

地址：　　　　　　　　　　　　身分證字號：

電話：　　　　　　　　　　　　地址：

　　　　　　　　　　　　　　　電話：

日期：　　　　　　　　　　　　日期：

此文件僅供參考，所有簽約的文件均須透過公司的法律顧問，交由公司委辦。

台灣商場的管理費如同大陸的物業管理費。

台灣商場對店舖面積以坪計算，大陸依國際慣用平米㎡計算。

三、協議書〈承諾書〉：大陸式

出租方：＿＿＿＿＿＿＿＿＿＿（以下簡稱甲方）
承租方：＿＿＿＿＿＿＿＿＿＿（以下簡稱乙方）

經甲乙雙方共同協商，就乙方在甲方所屬＿＿＿＿市＿＿＿＿區商場租賃商舖，經營＿＿＿＿業種＿＿＿＿品牌的租賃事宜達成一致意見，並根據國家有關法律、法規，簽訂本協議書。

一、所租商舖位置、面積

    1.租賃位置：XXX 購物中心＿＿＿＿樓＿＿＿＿區＿＿＿＿號舖位，具體區域根據附件所示。

    2.租賃面積：約＿＿＿＿平方米（自相鄰中心線計算面積）；商舖交付時，雙方如對上述承租面積有異議，以 XX 市房地產管理測繪部門確認的面積為準。

二、租賃期限

租約年：自計租日起每滿 12 個月為一個租約年。

租賃期限＿＿個租約年，自＿＿年＿＿月＿＿日至＿＿年＿＿月＿＿日止；此租賃期以甲方向乙方發出的《商戶進場裝修通知書》上確定的進場裝修日期開始計算。

三、租賃費用及支付方式：

    1.租金標準：＿＿＿＿元/平方米/天（大寫：＿＿＿＿元/平方米/天），此租金的收取以淨使用面積為準，計＿＿＿＿元/年（大寫：＿＿＿＿元）。

    2.支付方式：乙方同意首期租金於＿＿年＿＿月＿＿日的 10 日前提前支付。自第二期開始，乙方於每期開始日前提前 10 日向甲方支付該期租金。

    3.遞增：從第＿＿個租約年起每＿＿個租約年在上一租約年租金基礎上遞增＿＿%。

四、履約保證金（訂金）

雙方同意在本協議書簽訂後的 15 日內乙方向甲方支付＿＿＿＿萬元的履約保證金。

五、物業管理費、物業管理介面

    1.乙方應該根據國家的《物業管理條例》或甲方所委託的物業管理公司的規定，向甲方支付物業管理費。本專案物業管理費：以使用面積加

公共分攤為准，計_____元/平方米/天（大寫：_____元/平方米/天）；計_____元/平方米/年（大寫：_____元/平方米/年）。

  2. 乙方同意在簽訂《租賃合同》同時與甲方或甲方委託的物業管理公司另行簽訂《物業管理合同》；進場裝修前，簽訂《營業管理公約》。

六、違約責任

甲、乙雙方同意如任一方單方面違反本協議，任一方須承擔另一方由此造成的損失。

七、協議書有效期

本協議書壹式肆份，在正式合約簽署之前具有法律效力，經雙方簽字蓋章後生效，甲乙雙方各執兩份。

甲方：   乙方：

（公章）   （公章）

代表人：   代表人：

地址：   營業執照：

電話：   稅務登記證號：

                       地址：

                       電話：

日期：

A 公司部門簽呈

董事長	總經理	招商部	經辦主管	經辦
			財務部登錄	

此文件僅供參考，所有簽約的文件均須透過公司的法律顧問，交由公司委辦。

台灣商場的管理費如同大陸的物業管理費。

台灣商場對店舖面積以坪計算，大陸依國際慣用平米m²計算。

承諾書：台灣式

甲方公司			乙方專櫃			
合約期限	自營業日起 年	專櫃地點	樓 號櫃	櫃位坪數	現場坪數 坪	
公司名稱		負責人		公司電話		
廠商品牌		連絡人		行動電話		
公司地址				E-mail		
發票地址				統一編號		
結帳方式	月結 天	期票 天	派駐員 人	進貨憑證	□發票 □收據	
限售商品		預估業績		元/年	聯名卡、會員卡正品 9 折優待	

抽成資料	種類	正品	95 折	9 折	8 折	7 折	6 折	5 折	特價	其他
	抽成	%	%	%	%	%	%	%		

包底抽成	自營業日起每月業績保證額為新台幣　　　元〈未稅〉乙方如未達業績，甲方得依約定保證額抽成，乙方不得異議。
業績保證	自民國　年　月　日起至民國　年　月　日止保證營業額為新台幣　　　元〈未稅〉，乙方如未達約定保證額之 80%，甲方可要求調整櫃位。

費用項目	管理費/月	元/坪	清潔費/月	元/坪	垃圾處理費/月	元/坪
	收銀機租金	元/月	廣宣補助	元/月	信用卡手續費	%
	空調冰水費	元/月	包裝費依實際領用扣款		水電、瓦斯費按表每月繳費	
	活動補助費	開幕贊助、週年慶、大出清、母親節，其他特殊活動另議				
	施工管理費	xx 元 X 實際坪數 X 施工天數〈依實際施工天數於當月貨款扣除〉				
	裝潢費	新台幣　　元整	預付	元	餘款分攤	期

設櫃押金與保證金	設櫃押金	設櫃租賃押金新台幣 xxxxxx 元
	瓦斯表押金	瓦斯表押金新台幣 xxxxxx 元，合約終止後依申請流程無息歸還
	施工保證金	施工保證金新台幣 xxxxxx 元，竣工驗收後依申請流程無息歸還

廠商應繳相關資料	□公司執照影印本　　□公司負責人身分證影印本　　□派駐員工之基本資料 □營利事業影印本　　□公司代表人身分證影印本　　□員工勞保資料影印本 □乙方自費購買之員工、財物火險、附加險、營業中斷險等保險單影印本 □其他甲方要求之證明及文件

匯款資料	銀行名稱		
	帳號名稱	帳號	
廠商簽認		日期	中華民國　年　月　日

備註：此文件僅供參考，所有簽約文件均須透過公司的法律顧問，交由公司委辦。

四、商舖租賃合約書〈大陸式〉

商舖租賃合約書（合同編號：＿＿＿＿＿＿＿＿＿＿＿＿）

出租方：（以下簡稱甲方）　　　　承租方：（以下簡稱乙方）

地址：　　　　　　　　　　　　　地址：

法人代表：　　　　　　　　　　　法人代表：

電話：　　　　　　　　　　　　　電話：

傳真：　　　　　　　　　　　　　傳真：

郵編：　　　　　　　　　　　　　郵編：

營業執照：　　　　　　　　　　　營業執照：

稅務登記證號：　　　　　　　　　稅務登記證號：

開戶銀行：　　　　　　　　　　　開戶銀行：

開戶銀行帳號：　　　　　　　　　開戶銀行帳號：

日期：　　　　　　　　　　　　　日期：

根據國家合約法及相關法律法規的規定，甲、乙雙方在平等、公平、誠信的基礎上，就乙方承租甲方所有或受產權人委託甲方租賃的商舖事宜，達成共識，為明確雙方權利義務，訂立本合約。

第一條　出租商舖

1. 甲方將坐落於＿＿＿＿市＿＿＿＿區第＿＿＿＿樓＿＿＿＿號商舖（以下簡稱該商舖）出租給乙方經營使用，商舖租賃部位、編號詳見附件一。

2. 該商舖實際建築面積：＿＿＿＿平方米（以實測面積為準）。

3. 該商舖現有裝修、附屬設施、設備狀況詳見合同附件二。

第二條　租賃用途

1. 乙方租賃該商舖只作為乙方經營＿＿＿＿（類別）＿＿＿＿（品牌）使用。

2. 乙方保證在租賃期內未徵得甲方書面同意前，不得擅自改變上述約定的經營範圍和用途。

3. 乙方必須從事合法經營活動，不得做出對甲方或本商場的商譽及名聲有不良影響的行為。

4. 乙方在該商舖內不得經營或銷售假冒偽劣商品、違禁物品或從事其他違反法律、法規及規章等行為，需按照國家制定的消費者權益保護法及其他相關法律法規執行，並保證甲方不因乙方在該商舖內經營或銷售的商品及提供的服務而受到任何協力廠商的投訴或索賠。若由此造成甲方損失，甲方

有權向乙方追償。

5. 租賃期內，乙方應嚴格遵守甲方和物業管理公司制定關於營運管理、服務和物業管理等之相關規定。

第三條　租賃期限和移交日期

1. 租賃期限為____年，自移交之日起至次年當日的前一日為第一租賃年度屆滿日，以後每個租賃年度均按此順延及計算，直至租賃期限屆滿。

2. 甲、乙雙方約定，甲方於____年____月____日前將該商舖移交乙方使用。甲方同意該商舖移交次日起的____日作為乙方籌備和裝修期，該期間不計租金。如乙方在該不計租金期結束後未能開業，若甲方同意，則乙方自不計租金期結束之日起第二日開始計租；若甲方未同意，則甲方有權扣除乙方繳納租賃押金。如乙方延期開業超過 60 日，甲方還有權終止本租賃合約。

3. 不計租金期內甲乙雙方房屋租賃關係及其他權利、義務保持不變，乙方需向物業公司繳納物業管理費和其他物業有償服務費用及該商舖發生的水、電等各項能源費。

4. 租賃期滿，乙方應如期返還商舖，如乙方不能按時返還，甲方有權收回該商舖並收取乙方延期租金和違約金。

第四條　租金及支付方式

1. 雙方約定，該商舖租金標準為每月每平方米實際建築面積（大寫）_____元整不足月的折算至日租金按日計算。
   上述租金不含物業管理費、能源費、推廣費及其他有償收費服務內容。

2. 租賃期滿後若乙方需要繼續租賃該商舖且甲方同意，雙方可另行協商繼續合作條件，有關續約合作條件等事宜甲、乙雙方另行約定。

3. 雙方約定該商舖租金每____個月支付一次。

4. 乙方應於甲方移交該商舖（開始裝修）10 日前，向甲方支付第一期____個月的租金，以後每期在租金期滿前的 10 日內支付下期____個月租金。逾期支付的，則乙方每天需按日租金的雙倍向甲方支付滯納金，甲方有權在乙方繳納的租賃押金中直接扣除滯納金，乙方應在 10 日內補足租賃押金。

5. 乙方可以現金或銀行支票或電匯形式向甲方支付租金。租金到帳之日為乙方的實際付款日。
   收款單位：
   開戶行：

帳號：

6. 甲乙雙方關於租金支付方式的其他約定如下：＿＿＿＿＿＿＿＿＿＿＿＿＿

＿＿＿＿＿＿＿＿＿＿＿＿＿＿＿＿＿＿＿＿＿＿＿＿＿＿＿＿＿＿＿＿＿＿＿

＿＿＿＿＿＿＿＿＿＿＿＿＿＿＿＿＿＿＿＿＿＿＿＿＿＿＿＿＿＿＿＿＿。

第五條　商舖租賃押金和其他費用

1. 為確保本合約下各款項、費用按時足額繳納，確保乙方的經營、服務品質以及按時開業，乙方同意向甲方繳納租賃押金。當乙方發生違約行為時，甲方有權直接從租賃押金中抵扣或扣罰。乙方應在接到甲方書面通知後10日內補足。逾期未補足的，乙方按本合約約定承擔違約責任。

2. 在簽訂本合約當日，乙方應向甲方支付（大寫）＿＿＿＿＿元（＿＿＿＿元）作為房屋租賃押金。甲方收取押金後應向乙方開具收款憑證。租賃關係終止時，甲方收取的房屋租賃押金除用以抵充合約約定由乙方承擔的費用外，剩餘部分無息返還乙方。

3. 租賃期間，乙方同意按該商舖租賃面積，每月每平方米向物業管理公司繳納＿＿＿＿元物業管理費，共計（大寫）＿＿＿＿元/月（＿＿＿＿元/月）；向物業管理公司繳納物業管理費押金（大寫）＿＿＿＿元，物業公司收取物業管理費押金後應向乙方開具收款憑證，合約終止時，乙方如沒有拖欠物業管理費、水、電、煤氣、通訊等費用，無息返還物業押金（物業管理費包含公共部位水電氣的公攤費用）。

4. 租賃期間，乙方使用該商舖所發生的水、電、煤氣、通訊等費用、房屋和設備日常維修等費用由乙方承擔。

5. 物業管理費，水、電、煤氣、通訊等費用的支付，乙方進場10日前，向物業公司支付第一期＿＿＿個月的物業管理費，以後物業管理費期滿前10日內支付下期＿＿＿個月的物業管理費。水、電、煤氣、通訊等費用每月5日前據實繳納上月費用。

6. 甲乙雙方約定，整體經營一年後，乙方需向甲方繳納經營促銷推廣費。推廣費的收費標準及支付方式、支付日期以甲方通知，雙方認同為準。

7. 甲乙雙方約定由乙方負責辦理該商舖的財產保險和責任保險，並承擔保險費用。保險範圍包括：甲方擁有產權或租賃權的該商舖、設施、設備；乙方擁有的傢俱電器設備等。若因發生意外情況如火災等造成雙方財產損失的，所獲賠償金按照保險合約中所保險的內容由雙方分別享有。

第六條　商舖使用、管理和維修

1. 租賃期間，乙方應當合理使用並愛護其所承租的房屋及其附屬設施設備，

遵守物業管理規定及《裝修指南》中有關房屋使用、管理和維修的規定。

2. 乙方保證按照國家的有關規定合法經營，保證不在該商舖內從事任何違反國家法律、法規的事情；乙方房屋應符合消防安全要求。如果乙方因違反國家法律、法規而受到政府部門的處罰，乙方承擔全部責任，並承擔全部損失，甲方有權提前終止合約。

3. 租賃期間，因乙方使用不當或不合理使用，致使該商舖及其附屬設施設備損壞或發生故障的，乙方應負責維修。乙方拒不維修，物業公司可代為維修，費用由乙方承擔。

4. 租賃期間，甲方保證該商舖及其附屬設施設備處於正常的可使用的狀態。甲方及物業公司對該商舖進行檢查、養護，應提前通知乙方。甲方及物業公司檢查養護時，乙方應予以配合。

5. 乙方對該商舖進行裝修或者增設附屬設施和設備的，應事先徵得物業公司的書面同意，按規定需要政府有關部門審批同意，還應當獲得政府有關部門的批准後方可進行。乙方增設的附屬設施和設備的管理維修由乙方負責。

第七條　物業管理

1. 乙方同意並接受甲方所委託的物業管理公司負責包括甲方公司在內的全部物業管理事項。

2. 甲方制定的《經營管理公約》等有關管理規定及物業管理公司依據本合同制定的規章、制度、規定，乙方應予以遵守。甲方及物業管理公司保留不時制訂、引進、修改、廢除任何其認為經營和維持作為購物中心所必要的一切規章制度的權利。該等規章制度由甲方或物業管理公司向乙方做出書面通知後即生效，乙方應予以遵守。

3. 不論物業管理公司是否專門規定，甲、乙雙方現就下列事項特別約定如下：

(1) 乙方有權在該商舖入口處或其門上（指定位置），設置經甲方同意的形象招聘或 LOGO。

(2) 除非甲方事前同意外，乙方不得佔用任何進出口、樓梯、平臺、通道、大堂或其他公共區域，亦不得將貨品、道具或 POP 等其他任何東西擺設或堆放在該商舖之外。

(3) 甲方或物業公司有權在不發出通知的情形下，清理及處置乙方在公共區域內留下或未處理好的任何裝箱、紙盒、垃圾或其他任何種類或性質的障礙物，由此而引起的一切費用由乙方負責。乙方必須向甲方賠

償因此而引起的所有損失、開支或費用。

(4) 未得到甲方或物業公司書面同意前，乙方不得在該商舖、窗框、玻璃外牆、玻璃或牆壁外面塗漆、噴漆、使用或黏貼任何東西、物件或懸掛霓虹燈廣告。

(5) 在租賃期內，除甲方事先書面同意外，乙方不得以固定物料或不透明物品遮擋該商舖的櫥窗以及面對外街、走廊、行人通道或入口大堂的櫥窗玻璃。

(6) 乙方必須使用甲方指定的貨物裝卸區、出入口處及貨物電梯，並在甲方規定的時間內裝卸貨物。

(7) 乙方應自行承擔費用，在正常營業的時間內，使該商舖營業標誌、店面和窗戶保持照明。

(8) 除本合約約定乙方可在本商舖內經營餐飲行業外，乙方不得在該商舖內預備食物或飲食，亦不得使用器具烹煮或加熱任何食物。

(9) 乙方不得在該商舖內居住或容許他人居住。

(10) 乙方須把該商舖的普通垃圾、廢物，以甲方或物業公司指定的廢物箱盛載，在甲方或物業公司指定的地點倒卸。

(11) 乙方應在規定的正常營業時間內進行商業活動。

(12) 在營業時間內，乙方應保證經營和形象照明的開啟和完整。

第八條　經營條款

1. 乙方應向甲方租用收銀機〈每月每台＿＿＿元租金〉，並於次月 5 日前提交上月營業報表，甲方有權在不影響乙方正常經營的前提下核實營業報表的真實性，乙方應予以配合。

   甲方承諾將確保所獲知的乙方營業資料的保密性，在未經乙方同意的前提下，不得在本合同規定之外使用該相關資料。（國家法律法規規定的情況除外。）

2. 乙方應服從甲方對營業時間的安排，未經甲方事先同意前不得于正常營業時間內或甲方確定的延長營業時間內無故停止營業、撤離派駐人員或商品。

3. 乙方同意積極回應並配合甲方組織的各類推廣活動（包括但不限於配合內的大型活動、室內推廣活動、廣告積分活動等），並接受甲方對活動現場的管理。乙方應配合甲方對整個進行的推廣活動的時間安排。

4. 除有特殊情況外，凡甲方核准的甲方或其他關聯企業發行之購物卡或其他各種 VIP 貴賓卡、會員卡，乙方應與甲方進行協商相關折扣和結帳事

宜。協商一致並以書面確認後，乙方應配合使用。

5. 為求經營發展，甲方舉辦之各種經營活動（包括展覽、展示、抽獎、表演、贈品、贈券、積分等），乙方同意配合並分擔費用或提供贊助，分擔金額由甲乙雙方另外約定。

6. 乙方承諾在開業期間舉辦開業活動，活動方案及活動時間須經由甲方相關部門審批。

7. 乙方不得在公共區域內進行任何兜售、招攬活動；亦不得分發各種宣傳性的小冊子及廣告，經甲方或商場的管理公司同意者除外。

8. 乙方提供的商品或服務必須明碼標價，商品或服務價格的制定及商品標識不得違反國家及地方政府的有關法律、法規及規章的規定。

9. 如因乙方的商品品質或服務品質引起消費者直接向甲方提出修理、更換、退貨或其他正當合理的要求時，甲方有權視具體情況，直接做出修理、更換、退貨或其他合理的決定，有關費用由乙方承擔。

10. 乙方應確保該商舖內商品的貨源充足，避免發生商品脫銷的現象。

11. 乙方不得聘用甲方辭退或者從甲方辭職的員工。

12. 乙方需為其自身在經營活動中給任何第三人造成的人身、財產損失承擔賠償責任。由於乙方、其雇員或代理人之故意或過失行為對人或財產造成損傷、損壞或損失的，乙方將承擔全部賠償責任，並保障甲方不會因此受到損失和損害。

13. 乙方應以符合其品牌形象的風格和方式佈置該商舖店面玻璃及陳列櫥窗，在收到甲方對其展示提出反對意見的書面通知後，立即改變或更改有關擺設。

14. 乙方不得在該商舖或內進行任何拍賣或類似的促銷活動（經甲方同意的除外）或利用不道德或不合法的商業手法進行商業活動。

15. 除根據本合同約定的用途使用該商舖而生產、製造或加工物品外乙方不得在該商舖進行生產、製造或加工任何其他貨物或商品。

第九條　商舖返還時的狀態

1. 除甲方同意乙方續租外，乙方應在本合約的租期屆滿之日返還該商舖。若未經甲方同意逾期返還，每逾期一日，乙方每天需按日租金的 3 倍向甲方支付該商舖佔用期間的使用費。

2. 甲方有權要求乙方按交付時原狀或裝修現狀要求乙方返還該商舖（屬於乙方的傢俱、電器等設備由乙方負責搬出該商舖）。乙方返還商舖時，應經甲方及物業公司三方驗收認可，並相互結清各自應當承擔的費用。

3. 租期屆滿後，屬於乙方的商品、家具、電器等物品經甲方催告後，乙方仍未搬出該商舖的，視為乙方主動放棄上述物品的所有權，甲方或甲方所指定的協力廠商有權處理或變賣上述物品，所得款項全部歸甲方所有。

第十條　商舖轉讓與轉租

1. 租賃期間，甲方有權依照法定程式轉讓該商舖。
2. 租賃期間，未經甲方書面同意，乙方不得將所承租的商舖全部或部分轉租、轉借或調換給他人。如乙方違約，相應收益由甲方享有，甲方有權要求賠償並單方面解除租賃合約。

第十一條　合同的變更與解除

1. 甲、乙雙方經協商一致，可以變更或解除本合約。
2. 甲方有下列行為之一的，乙方有權單方解除合約：
   (1) 甲方提供的商舖不符合本合同的約定，致使乙方不能實現租賃目的。
   (2) 因甲方原因導致該商舖延期交付且超過 60 日。
3. 乙方有下列行為之一的，甲方有權單方解除合約：
   (1) 未經甲方書面同意，擅自改變約定的使用用途。
   (2) 未經甲方書面同意，將所承租的商舖全部或部分轉租、轉借或調換給他人。
   (3) 因乙方原因損壞房屋主體結構。
   (4) 逾期支付租金或物業管理費、水電等能源費或未能及時補足租賃押金，任意一項累計超過 30 天。
   (5) 未經甲方同意，在經營期間內以任何藉口在一個月內擅自歇業、關門累計兩天；或一個季度內擅自歇業、關門累計三天；或擅自撤場。
   (6) 未經甲方同意，擅自改變本合約約定的經營專案和內容；或張貼非經營性文字或圖片及發生其他行為以致嚴重損害本購物中心良好形象和聲譽；或發生其他嚴重違反購物中心管理制度行為並且未在甲方要求限期內予以糾正；或發生違法經營行為致使合約目的無法實現。

第十二條　甲方違約責任

1. 租賃期間，甲方有下列行為之一的，應當向乙方支付六個月的租金作為違約金；若因此造成乙方損失，還應當賠償因此造成的損失：
   (1) 甲方違反本合約約定提前收回該商舖。
   (2) 甲方交房後，違反本合約約定，導致乙方無法繼續實際享有該商舖的使用權，並無法繼續整體經營，且逾期 30 日仍未予以改正。
2. 租賃期間，甲方不及時履行本合約約定的維修、養護責任，致使房屋損

壞，造成乙方財產損失或人身傷害，甲方應承擔賠償責任。

第十三條　乙方違約責任

1. 租賃期間，乙方有下列行為之一，應當向甲方支付六個月的租金作為違約金；若因此造成甲方損失，還應當賠償因此造成的損失：

   (1) 乙方有本合同第十一條第 11.3 項所述行為。

   (2) 未經甲方書面同意，擅自改動、變動房屋結構，或有其他損壞房屋行為。

   (3) 未經甲方書面同意，擅自進行房屋裝修、增設附屬設施和設備，或裝修方案未取得甲方的認可。

   (4) 乙方違反本合約約定提前退租。

2. 乙方應當支付給甲方的違約金和賠償金，甲方有權在所收取的房屋租賃押金、保證金中予以抵扣。

第十四條　特別約定

1. 乙方承諾參與締結並遵守《經營管理公約》、《物業管理規約》、《安全防火責任狀》、《裝修指南》等相關管理公約和管理規定，服從甲方及物業公司管理，按時向物業公司繳納各項費用，包括但不限於水費、電費、電話費、通訊費、物業管理費、垃圾清運費。

2. 如該商舖發生銷售或產權轉讓，乙方同意與該商舖新產權人簽訂租賃協議。新產權人應繼承本合同各相關條款。如乙方承租兩個或兩個以上獨立商舖的，乙方應和全部新產權人簽訂租賃協議。

3. 為了整體經營效益，甲方會適時對進行統一規劃和調整，但不影響本合約的履行，乙方尊重上述調整並接受此安排。

4. 乙方對經營政策及經營方式已有全面瞭解，對其經營風險已有充分的認識。因此，乙方享受經營成果並同時承擔經營風險。

5. 物管公司作為物業服務的提供方，不影響本合同中甲、乙雙方的主體地位和相關權利義務，不因此為甲方或乙方承擔任何責任。

第十五條　不可抗力

因不可抗力導致該商舖不能正常使用或不能繼續使用時，甲乙雙方互不承擔責任或損失。

第十六條　其他條款

1. 乙方願意放棄同等條件下優先購買該商舖的權利。

2. 本合約未盡事宜，經甲、乙雙方協商一致，可訂立補充條款。補充條款及附件均為本合約不可分割的一部分，本合約及其補充條款和附件內空格部

分填寫的文字與鉛印文字具有同等效力。

3. 甲、乙雙方在簽署本合約時，對各自的權利、義務、責任清楚明白，並願按合同規定嚴格執行。如一方違反本合約，另一方有權按本合約規定追究其違約責任。

4. 甲、乙雙方在履行本合同過程中發生爭議，應透過協商解決，並可簽訂補充協定，補充協定與本合約具有同等法律效力；若無法協商解決，雙方可依法院所在地方法院起訴。

5. 本合約連同附件一式四份，甲、乙雙方各持兩份，自雙方簽字蓋章之日起生效。

甲方（簽章）：	乙方（簽章）：
法定代表人：	法定代表人：
委託代理人（簽章）：	委託代理人（簽章）：
聯繫電話：	聯繫電話：
傳真：	傳真：
營業執照：	營業執照：
稅務登記證號：	稅務登記證號：
開戶銀行：	開戶銀行：
開戶銀行帳號：	開戶銀行帳號：
日期：	日期：
簽約地點：	簽約地點：
____年____月____日	____年____月____日

附件一：該商舖的平面圖影本

此文件僅供參考，所有簽約的文件均須透過公司的法律顧問，交由公司委辦。

五、專櫃廠商合約書〈台灣式〉

xxxxxx 百貨股份有限公司〈商場所有人,以下簡稱甲方〉

xxxxxx 股份有限公司〈商場設櫃人,以下簡稱乙方〉

乙方為向甲方申請設立專櫃,甲乙雙方在平等、互利的基礎上,經過友好協商,達成以下一致協定供甲乙雙方共同履行。

第一條:設櫃方式

1. 甲方同意提供所經營的商場〈地址:＿＿＿＿＿＿＿＿＿＿〉＿＿＿樓的商場專櫃〈編號 xxx,位置如附圖〉,櫃位面積＿＿坪,設置專區專門銷售乙方供應的商品。甲方保證在專區內僅銷售乙方商品,但乙方同意甲方對專區的位置及面積可視經營需要予以調整變更。

2. 乙方保證於專區內備足並陳列展示各款優質商品,當顧客於專區內選購後決定購買時,乙方同意以及時供貨的方式供應商品予甲方銷售。甲乙雙方同意不論銷售交易成效人員為甲方人員或乙方人員所促成,該筆交易的商品銷售收入屬甲方所有。甲乙雙方並保證不會私下於他處與該顧客進行交易,如私下於他處進行交易,甲乙雙方同意該交易屬本專區的商品銷售收入。

3. 當甲方接受顧客提出的退貨請求時,乙方保證不論甲乙雙方合同是否存續,乙方同意接受甲方對乙方提出的退貨請求,並立即退返原交易價貨款。

第二條:資格保證

1. 乙方應為依法登記註冊的公司,提供的發票、憑證均為依法取得,如有虛偽假造,甲方視情節可終止合同,造成社會影響及經濟損失的,乙方同意負完全損害賠償責任。

2. 本合約簽訂同時乙方須提交保證金＿＿＿＿萬元予甲方,乙方同意當違反本合同及合同附屬協議,或其他因乙方過失而造成甲方損失,所承擔的經濟責任履行的義務,甲方得處分該保證金。如保證金不足處分,或保證金不足本合約約定額時,乙方保證立即補足付予甲方,期限未補足甲方有權質押乙方商品及財產作抵。該保證金在甲方對乙方無債權及合約終止三個月後無息歸還乙方。

第三條:合約期限

1. 本合約有效期自中華民國＿＿＿年＿＿＿月＿＿＿日起至民國＿＿＿年＿＿＿月＿＿＿日止,合約屆滿或終止後自然失效。

2. 乙方在合約期內，未經甲方同意，若以各種方式擅自轉讓本合約權利予第三人，或其他損害甲方權益之行為，則屬違約，甲方得終止合約，乙方並同意支付保證金兩倍的違約金予甲方。

3. 本合約期滿後甲乙雙方未訂新合約期間，如甲乙雙方仍有交易，經甲乙雙方同意原合約條款及相關附屬協議繼續有效。期間乙方接受甲方提前半個月書面提出終止合約，乙方將無條件撤櫃。

4. 乙方在合約期中如遇特殊原因，必須終止合約，乙方須於三個月前，以書面提出申請，經甲方同意，方可終止合約，並應承擔由此給甲方造成的損失。

5. 在合約期間未經甲方同意，乙方擅自將商品展銷櫃檯及展銷人員撤離或停止營業，經甲方依法催告屆滿乙方仍未改善，乙方同意自停止營業日起至恢復正常營運日或合同終止日，依過去平均營業額為標準計算該期間甲方應得收益加計三倍為違約金賠償甲方。

6. 合約終止時乙方保證依照甲方通知的時間或指示，將商品、展銷櫃檯及展銷人員進行撤離。如乙方未依通知撤離，乙方同意甲方將乙方在甲方商場內所有商品及財產經甲方二人以上清點封存，乙方並承擔所需費用，封存後甲方催告屆滿二個月內未處理，乙方同意放棄權益，封存物品交由甲方全權處理。倘有上述封存的商品或財產遺失或毀損，甲方不負任何法律責任。

7. 合約期間，甲方基於營業需要，而統一改裝樓面時，乙方應予全面配合並負擔改裝費用，乙方若不同意者，得終止本合約，但不得向甲方要求補償或返還任何費用。

8. 甲乙雙方依承諾書議定所列之目標營業額，如乙方未達所議定之目標，甲方得要求補足營業額保證業績抽成或調整其營業位置及面積，乙方不得異議，亦不得要求補償或返還任何費用。

第四條：營業時間

1. 乙方同意依照甲方所指定的營業時間在專區展售、供應商品及派駐展銷人員，並依乙方規定時間作息。

2. 乙方保證於甲方所定營業時間內不會撤離派駐人員、展銷商品及櫃檯，否則屬違約。

第五條：經營範圍

1. 乙方銷售之商品範圍如下列（商品範圍中如有增減、變更或因品項過多不足記載，經雙方同意後加錄至合約最後之附表）。

業種	商品品牌名稱/附牌	說明

2. 乙方應就上述所定之商品，乙方保證自費在甲方要求之限期內，將商品運至甲方指定的場所以備銷售。上面所列商品，其銷售價格應與商品質地等級一致，不得有偽劣、假冒、以次充好商品。如因商品品質和價格而引起消費者投訴，一切後果由乙方承擔如有新增之營業項目亦須先以書面申請經甲方同意後方得陳列銷售。

3. 乙方銷售之商品，若因品質不佳或售價高於乙方在其他商場所設立之專櫃或商店或其連鎖商店，經查證屬實，乙方應無條件辦理調降價格，且甲方得處罰乙方該商品標價十倍為罰款外，並得終止合約以取消乙方之設櫃資格。

4. 除有特殊規定外凡甲方核准之甲方及其關係企業發行之貴賓卡、及其他各種 VIP 貴賓卡、會員卡，乙方應全力配合接受使用，並依甲方規定給予九折至八五折優惠，該優惠之折扣由乙方負擔。乙方不得接受未經甲方認可以外之禮券、提貨單或其他形式之商品兌換券，否則甲方得要求乙方付予上述相當金額十倍之違約金。

5. 顧客在使用信用卡簽帳消費，乙方得接受並負擔銀行手續費用，該手續費用甲方從支付乙方貨款中扣除。

6. 乙方如有大宗交易，應將交易方式及銷售額以計價方式明示提交甲方，該營業額並當月總營業額。

7. 乙方必須使用甲方之統一發票，並接受甲方之監督、協力及管理，銷售所得之貨款，一律送由甲方指定之收銀台點收，乙方不得私自收受貨款、外幣，或擅自變更售價及拒開、漏開或短開統一發票（含已開發票，但沒及時將發票給顧客），如有違者乙方除自負一切法律責任外，包括稅務罰款，甲方得處罰乙方漏開或短開金額十倍之違約金，乙方絕無異議。乙方如經甲方書面同意，得以使用甲方指定之收銀機自行收款者，其每日之銷售金額，仍應悉數繳交甲方指定之收銀人員或單位，且對收銀機及統一發票之使用管理，仍需依稅法規定及受甲方之指導及監督，如因乙方作業疏忽，造成帳款錯誤時或漏開、拒開、短開發票，仍依本條前段辦理，乙方絕無異議，該罰款乙方同意甲方自貨款扣除。

8. 顧客要求退貨換貨時，乙方應按甲方規定之辦法辦理。
9. 乙方供售之食品及使用器具等應完全符合政府頒佈「食品衛生管理法」及食品類有關政府法令規定，以專業者立場負檢驗責任，合格之食品方得販賣。

第六條：結算方式

1. 甲乙雙方同意本專櫃內各商品銷售收入中＿＿＿% 為甲方的商品銷售利潤，其餘部分是乙方向甲方供應商品的價格，甲方應付予乙方的供貨價款。

   乙方每月營業額（上月二十六日至本月二十五日為一個結算期）在本月三十日前，由甲乙雙方對賬一次。甲方在總營業額中扣除甲方應得的收益及其他扣款、代墊款後，剩餘貨款于收到乙方增值稅發票後的＿＿＿天內使用支票或電匯方式支付。上項貨款如甲方有替乙方支付之代墊款或依契約或法律得請求之罰款或賠償，甲方得逕行扣除之。抽成之計算，於甲乙雙方協議後，原則上每年經雙方協商可調整一次。

2. 乙方應為正式營業登記之公司或行號。乙方提交甲方之進貨發票，應為乙方本身公司行號之合法憑證，並應依照統一發票辦法及政府有關法令手續辦理，否則甲方不予收受，甲方並得停付該月份貨款。

3. 甲方替乙方支付之代墊款或其他扣款，甲方附列扣款明細通知乙方後，可自行扣除之。

4. 各月份結帳之貨款，乙方應於次月十日前開立與貨款同月份之發票，送至甲方以憑結付，如未依時交予甲方，則甲方得延後一個月付款。

   乙方在結帳核對或收到貨款後如有異議應在結帳核對或收到貨款後 7 日內提出，否則視為認可。

5. 乙方撤櫃前最後一個月的銷售貨款，應在甲方確認乙方已無屬於乙方責任應予賠償的後續費用、並扣除甲方應得收益後，在撤櫃滿三個月時支付。
   （連同設櫃押金）

第七條：櫃位裝修

1. 為協調商場整體佈局，未經甲方同意乙方不得自行裝修櫃位。

2. 經甲方同意乙方自行裝修櫃位，乙方於施工或擺設前應將設計圖紙及相關施工申請資料送交甲方審核，經甲方核可後方得進行施作。

3. 乙方保證於櫃位裝修期間派駐專人於現場，並責成施工單位遵守甲方施工管理監督上的規定及配合有關事項。如不遵守視為違約。

4. 乙方保證於櫃位裝修期間自費辦理有關保險事項，並同意完全承擔因施工

導致的一切損失責任。

5. 乙方保證該櫃位裝修後未經甲方同意，乙方不得拆除、移動或變更。

6. 前述各項裝潢、貨架及雜物，乙方同意不論合約是否終止，其處置權歸甲方所有，非經甲方同意不得撤除、移動或提出任何補償。

第八條：保證銷售包底營業目標

1. 乙方保證每月完成既定銷售目標：共_____萬元。

2. 乙方各月銷售目標未能完成時，乙方同意按各月保證銷售目標實際銷售額之差額，依照第六條第一項的提成率提成，並自當月貨款中以費用方式扣除，補足甲方毛利額。

3. 乙方連續三個月無法完成保證銷售目標或三個月累計銷售無法完成三個月累計保證銷售目標時，與銷售排名在同部類後三名時，乙方同意甲方得調整乙方位置或終止合約。

第九條：販促活動管理

1. 為促進商品銷售，甲方舉辦之各種營業上活動（包括展覽、展示、抽獎、表演、贈品、贈券等），乙方同意配合並分擔經費，但如涉及經費開支，甲方應於事前通知乙方。

2. 乙方因本身營業上之銷售活動有需要使用甲方標記、標章、名冊資料或自行發送媒體有牽涉甲方時，乙方應事先將相關活動內容送交甲方核定，並徵得甲方同意後方可使用。

3. 乙方保證不得進行不正當競爭行為，甲方如認為乙方之促銷行為有妨礙他人營業之虞者，得予以制止，乙方如未即停止該行為，甲方可終止合約。

4. 乙方不得接受甲方認可以外之禮券、提貨券或其他任何形式之商品兌換（卡）否則甲方得要求乙方支付收售部分相當金額十倍違約金，甲方並得終止合約。

5. 乙方同意合約期限內每月負擔廣告及促銷費用 xx 幣_____元；逢甲方週年慶同意負擔活動經費 xx 幣_____予甲方。

6. 在乙方設櫃期間，乙方提出的折扣優惠活動申請，經甲乙雙方友好協商，甲方同意酌情而定。

7. 專櫃內之促銷道具由甲方統一訂製，其費用由乙方自行負擔。

第十條：商品管理

1. 乙方商品之品質、內容、數量、價格無法達到甲方要求，或乙方之因素造成不正常之營業狀況，甲方得催告限期整改，整改後仍無法達到要求，甲方得隨時終止合約。

2. 乙方一切商品或服務不得有侵犯他人商標、著作權、服務標章、代理權及專利權之情事，並不得陳列銷售政府規定之違禁品，乙方一切營業行為不得違反法律法規規定，如經查獲，乙方應自負法律責任，甲方除可終止合約外，並得請求損害賠償。

3. 乙方在甲方售出之一切商品，如有顧客訴願，由甲方依法統一處理裁決，乙方應服從甲方之任何裁決決定。

4. 乙方陳放於甲方場所之商品（包括門市及倉庫）以及販賣商品之生財器具以及裝潢設備等，概由乙方負責管理，並自行投保，無論基於何種原因致被竊、毀損或滅失，甲方概不負賠償責任。乙方任何物品攜帶外出時，應經甲方商場主管之同意，並開具證明交甲方警衛人員查，然後依甲方規定之出入口進出，如有違反，甲方得依商場管理規則予以處分。

5. 乙方在甲方販售之商品，應遵守食品衛生管理法及相關法令之規定。且應依甲方規定之投保金額，自費投保產品責任險或食物中毒險，如經顧客使用後發生中毒事件或其他不良反應有損顧客權益，因而造成甲方信譽受損時，乙方應負民、刑事之法律及賠償責任。

6. 乙方所陳列或銷售之商品，應使用其依法取得使用之商品名稱，並誠實標示其商標、圖案或其著作權、專利權。

7. 乙方陳列或銷售之商品或專櫃名稱，不得有侵犯他人之智慧財產權、商標權、服務標章、著作權、專利權、代理權或其他任何不法侵權情事。不得有誇大不實或其他詐偽、侵害他人權利之情事。

8. 乙方在甲方販售之任何商品應投保產品責任險，乙方應將投保產品責任險之保單影印本交甲方備查，否則甲方將停付貨款。
   如有違反上述規定者，乙方除應自負民事、刑事及行政上之法律責任外，並應賠償甲方因處理上述問題所發生之訴訟費用、律師費用及其他一切費用或損失。同時甲方並得終止合約。

9. 對於上述費用及損失，甲方得自應支付予乙方之貨款中扣除之，尚有不足之數同意以現金給付甲方，乙方不得異議。

第十一條：商場管理

1. 乙方未徵得甲方同意前，不得在本大樓之樓梯間、商場通道及其他公共場所作任何佈置、廣告、加裝設備、儲存危險品及存放貨物。

2. 乙方對商場之商品，應自行妥善保管，定期盤點並不得儲存危險品。

3. 本大樓內屬於甲方之財產及商品，甲方自行辦理一切保險事宜，屬於乙方之財產及商品，乙方必須自行投保財產綜合險、公眾責任險及其他與經營

專案有關險種，如乙方未投保或保額不足，無論任何事件造成損失，乙方同意自行負責，與甲方無關。

4. 乙方在甲方限定之商場區域內，涉及裝潢改動、增減照明器材、水電、瓦斯等，或增用任何電器設備、瓦斯裝置等，均應事先報備甲方管理部門，經其審核認可，並由甲方工務及保全單位監督管理方可進行，乙方並負擔所發生之一切費用。

5. 乙方因業務需要，需使用甲方傳真機、影印機、電話機及其他設備，或需甲方之販促、工務、清潔及其他服務事項，都須向甲方有關部門登記申請，經核准後方可使用，乙方並負擔所有之每月管理費用____元。

6. 甲方大樓建築物及商場所包含之財產商品及人員（包括其他廠商之財產、商品及人員），如因乙方及其代理人受雇人員等之故意、過失或疏忽職守，致財產、商品及人員蒙受損失者，乙方應負完全損害賠償責任。

7. 乙方在甲方商場使用範圍，其清潔由乙方負責，但受甲方監督管理，甲方專為乙方提供服務之有關費用，亦由乙方承擔。

8. 乙方派駐人員應嚴守政府頒佈之各種安全規則，並隨時注意檢查賣場區域內之各項設備安全問題如電爐、瓦斯爐、切肉機、烤箱、電鍋、冰箱、插座、電源接頭、開關、管路等電氣及生火器具設備。

9. 甲方大樓結構及商場所包含之設備，如因乙方或其代理人、受僱人員等之故意或過失，造成甲方或大樓其他設櫃戶蒙受損失者，乙方應負完全賠償責任，並保證妥善處理，俾使甲方免受此等災害所引起之一切對抗行為，若因此致甲方被牽連訴訟，其訴訟費用、律師費用及一切支出，概由乙方負擔。

第十二條：人員管理

1. 乙方不得非法僱用或使用女工、童工及不合法之外籍勞工。且派駐於甲方之人員不得有罹患法定傳染病者。

2. 非食品類：乙方應指派服務人員負責商品銷售。

食品類：乙方負責人或現場負責人應在賣場，並應指派具該項食品常識專長技能或專業執照之服務人員負責商品銷售。

乙方之派駐人員應先經甲方之同意，並將姓名、簡歷、照片及體檢表送交甲方列管。其派駐人員所發生之一切費用（如薪資、津貼、獎金、紅利及費用等），概由乙方自行負擔。未經甲方同意，乙方不得任意更換服務人員，如乙方未派遣人員或擅自撤回派駐人員者，視同未經甲方之同意中途撤櫃，依本約規定處理之。

3. 乙方派駐人員應遵照甲方對於上下班時間之安排，及穿著甲方統一規定之制服、佩帶識別證，並於甲方餐廳搭伙。

4. 乙方派駐人員應慎選品德端正、操守廉潔之人充任，若派註人員有違法或不當行為致甲方蒙受損失，乙方除立即撤換並應負連帶賠償責任。

5. 乙方派駐人員應遵守甲方統一管理之各項規定，如有違規行為，除願接受甲方之罰款處分（由當月貨款中扣除）外，重大事件乙方應負全部賠償責任。

6. 乙方派駐人員進入商場之前，應將私人物品存放在甲方指定之儲物櫃內不負保管責任，除經甲方主管同意之物品外，不得攜任何私人物品上下班。

7. 乙方派駐人員應接受甲方舉辦之各種教育訓練活動。

8. 為維護甲方員工之廉潔操守，乙方及用人保證不與甲方員工發生下列情事：
   (1) 合夥經營生意。
   (2) 勾結舞弊、抽取回扣或行賄金錢物品。
   (3) 貸借金錢、邀宴或餽贈財物。
   (4) 對於甲方員工結婚、新居落成、生日、眷屬彌月、週歲、節慶、喪事等婚、喪、喜慶，致送賀禮或奠儀。

9. 乙方應依據勞工保險條例之規定，誠實為其所派駐人員參加勞工保險，及投保職業災害保險，並將勞工保險資料及職業災害保險資料影印本交甲方備查如發生任何災害乙方應自負賠償責任，與甲方無關。

10. 乙方人員於甲方之工作場所，若發生職業災害事故，其賠償金或補償金等一切費用由乙方全額負擔，甲方不負擔任何賠償責任。

11. 乙方雇用人員之聘用、勞動合同簽署、資遣、社會保險、福利及工作時間，一切均應遵守國家勞動法令之規定辦理，如有違反，一切法律責任由乙方負責並承擔相關費用。

12. 乙方雇用人員應事前報備甲方管理部門，並接受配合甲方營業時間之調整，乙方雇用人員如有違反甲方所制定之員工工作規則，應按甲方相關規定處理。

13. 派遣人員除經甲方核准外應穿著甲方規定制服（包括服裝、皮鞋、圍巾、胸牌、店徽、包裝及派遣人員之相關配件），其費用由乙方負擔，甲方均於貨款中 扣除。

14. 乙方應接受甲方之監督管理，並遵守甲方公司已頒佈於商場之《專櫃員工手冊》及相關規定（註：未熟悉上述規定者，切勿上崗），若發生任何事

件，乙方應自行負責。

15. 乙方派遣之從業人員，均須經甲方同意始可更換。

第十三條：違約罰則

1. 乙方違反本合約條款的規定，則屬違約，應承擔違約責任及相應經濟損失，甲方有權片面終止合約、解除乙方設櫃權利，乙方並應賠償甲方之一切損失，及給付本合約相關條文約定之違約金。

2. 乙方代理人、受任人、受雇人（或股權所有人之行為代表乙方，其關於違反本合約的行為，視為乙方自己的行為）。其對外發生的一切債權、債務及其他法律行為等問題，均與甲方無關，安全由乙方自行負責。

3. 合約因屆期或其他原因終止後，乙方應於期滿之日或接到終止通知七天內，負責將商品撤離現場，如故意拖延，甲方可參照本合約規定執行。

4. 乙方於合約終止日應即清償各項費用，如仍不足，甲方可對乙方商品行使留置處分權，直至乙方完全清償債務為止，否則甲方可依法追訴。

5. 乙方如因商品品質致使甲方利益受損，甲方有權勒令停業。停業期間，其當月最低營業目標仍按雙方約定計算，乙方不得提出降低最低營業目標之要求。

第十四條：其他約定

1. 如雙方因為本合約所引起的一切爭議，應首先通過友好協商解決。若協商無法解決，任何一方有權將該爭議提交所在地方法院，通過訴訟方式解決。

2. 在本合約有效期內，乙方在本市區若有擴點計畫需提前一個月書面通知甲方根據實際情況，甲方有權要求修改本合約的有關條款。

3. 乙方之連帶保證人願連帶保證乙方履行本合約之各項義務並放棄先訴抗辯權。

4. 本合約任一條款無效，不影響其他條款之效力。

5. 本合約之附表其修正內容均構成本合約之一部分，其有增刪修改時，甲方得以公告或書面方式為之。

6. 本合約未盡事宜悉依誠信原則、甲方規定及相關法令辦理。

第十五條：

本合約書訂定壹式三份，甲乙雙方各執壹分為憑，另一份存於法院公證處備查。

立合約書人：

    提供櫃位人：   設櫃人：

    甲   方：   乙   方：

    代 表 人：   法定代理人：

    地   址：   身分證字號：

    電   話：   地   址：

                            電   話：

乙方連帶保證人：

    地   址：   電   話：

    身分證字號：

中 華 民 國   年   月   日

此文件僅供參考，所有簽約的文件均須透過公司的法律顧問，交由公司委辦。

因各公司情況不同，簽訂合約時內容要做適度修正。

六、美食街專櫃合約

xxxxxx 百貨股份有限公司〈商場所有人，以下簡稱甲方〉

xxxxxx 股份有限公司〈餐飲設櫃人，以下簡稱乙方〉

乙方為向甲方申請設立專櫃，甲乙雙方在平等、互利的基礎上，經過友好協商，達成以下一致協定供甲乙雙方共同履行。

一、櫃位位置：

甲方同意提供所經營的商場〈地址：＿＿＿＿＿＿＿＿＿＿＿＿＿＿＿＿〉
＿＿樓，編號＿＿＿＿的美食櫃位，面積約＿＿＿＿平方坪〈米〉設置專售乙方供應的商品。乙方保證在櫃位內僅銷售乙方商品，但同意甲方對專櫃的位置及面積可視經營需要予以調整變更。

二、乙方販售的商品種類如下表所限，乙方不得擅自變更經營品種，如需要新增經營項目時，需以書面形式向甲方提出申請，經甲方同意後方可出售，否則視為違約，甲方有權要求乙方支付違約金＿＿＿元，必要時甲方有權要求終止本合約。

營業項目							
經營品種							
食品產地							

三、合約時間：

自＿＿＿年＿＿＿月＿＿＿日起至＿＿＿年＿＿＿月＿＿＿日止，共計＿＿＿年＿＿＿個月，期限屆滿，本合約自然失效，雙方同意續約時，應於期滿前一個月辦妥續約手續。

四、購物方式：

甲方統一收帳〈發行儲值卡〉，顧客至收銀台購卡，憑卡得至各櫃位購買美食餐飲，儲值卡不足時再到收銀台付款增值，儲值卡可隨時退還餘額。

五、貨款結算：

甲方每半個月結帳壹次將貨款給與乙方，有關進貨發票，乙方應依照統一發票辦法及政府有關法令手續辦理。

六、利潤

乙方保證就供售食品中，給與甲方百分之＿＿＿＿毛利。

七、商品品質：

乙方供售之食品及使用器具等應完全符合政府頒佈「食品衛生管理條例」及食品類有關法令規定，乙方應以專業者立場負檢驗責任，提供合格的食品出售給顧客。

八、設備條件：

1. 乙方供售食品之現有設備，無論由甲方提供與否，非經甲方同意，乙方均不得任意改變及增加任何設備，如有標示之文字、圖畫、海報等亦應經甲方審查同意後始可貼放在甲方指定地點。

2. 乙方自備使用器具、車輛及人員，應符合甲方及政府機關有關規定之要求如有不適用或不合規定者，應自行改善。如被甲方發現後應立即更換，否則警告依規定罰款，再患則終止合約並撤櫃。

九、人員管理：

1. 乙方為推銷食品，除乙方負責人或現場負責人在場外，應派專業技術人員常駐現場服務，乙方派駐人員或臨時需要人員，均應得甲方同意，並將其姓名、簡歷、相片及戶籍謄本等造冊送交甲方列管。

2. 派駐人員應品性端正，並遵守甲方人事管理規則及一切服務規章。

3. 派駐人員應遵守甲方售貨管理規則，不得收受現金或私自收款不報帳、盜用儲值卡、偷竊等不法情事。

4. 派駐人員的薪資、膳宿及其他費用，均由乙方負擔。

5. 派駐人員上下班、送貨、運送拉圾一律經由公司規定路線，由守衛室出入不得由門市自由進出。

6. 派駐人員上下班須配合營業時間，親自打卡，按規定取放，違規者按公司規定處理，屢犯者要求乙方換人。

7. 派駐人員包括現場負責人、派駐及臨時人員

十、操守管理：

乙方保證決不與甲方員工有下方行為

1. 合夥經營生意或相互標會

2. 勾結、舞弊、支付回扣、佣金

3. 饋贈金錢、物品、期約賄賂、邀宴、賒借金錢或有價證券等，上列情事無論節慶、新居喬遷、彌月週歲、慶典等婚喪喜慶均不得饋贈，委託他人代行上列情事，均視同乙方行為，甲方如有證據將扣押等值貨款。

十一、危害負擔：

1. 食品：乙方供應食品應保證衛生安全，或則若使顧客發生危害者，

應由乙方負責一切民、刑事之法律責任。

2. 陳列位置之安全管理：乙方人員應遵守政府頒佈之各種安全法規，經常檢查使用區內之各項設備〈如電插頭、電爐、冰箱、烤箱、電鍋、瓦斯、排煙管、電線開關等〉若發現設備破損或不良時，應更換新品或通知甲方修護以維安全，如乙方人員疏忽而發生事故者，一切民、刑事之法律責任概由乙方負責。

3. 存貨：所有存貨及用品，乙方應自行負責保管，如有損失概由乙方負責，與甲方無關。

十二、供售權利及保證金：

1. 乙方絕對保證不私自轉讓櫃位。

2. 乙方負責人變更時，則任由甲方取消乙方櫃位權利。

3. 乙方負責人或指定現場負責人本身應在現場工作，不允許請人代理，如經甲方發現三天不在場，視同解約。

4. 乙方提供保證金 xx 幣_____元以示對本合約任何條件之保證，待解約後甲方認無問題時無息退還乙方。

十三、其他約定事項：

1. 乙方食品供售應完成依照甲方指示辦理，不得有誤。

2. 販賣商品陳列應豐富展示，視情況需要時得加添設備。

3. 乙方之烹煮設施需按政府規定食品、衛生規定。

4. 商品之項目及價格增減需用書面取得甲方同意後實施，乙方不得任意調整價格與項目。

5. 合約期間內，乙方應配合甲方之販促活動，改造裝潢、清潔、制服等費用應無條件配合予以分擔。

6. 乙方使用甲方指定之櫃位，其最初設備所有權均屬甲方所有，乙方同意按月支付該設備折舊費用 xx 幣_____元整，並於甲方給付貨款中扣除，設備如損壞時，乙方得負責修護或由甲方僱人修理然後向乙方請款。

7. 乙方在合約期間內或期滿後對外任何行為均由乙方自行負擔，更不可假借甲方名譽從事任何商業行為。

8. 合約期間內或期滿乙方不再續約，未經甲方同意，乙方不可將合約陳列位置私自轉讓或收取讓渡權利金讓與第三者經營，乙方如有違反，同意甲方沒收保證金及該讓渡金，絕無異議。

9. 乙方（餐飲廠商）應提供保證金新台幣_____元給甲方，以擔保

本約任何條款之履行，甲方收執後開立收據給乙方（餐飲廠商），待合約期間屆滿或合約終止，乙方（餐飲廠商）應給付之各種款項、費用、償金均已結清時，於撤櫃十五天後無息退還乙方（餐飲廠商）。

　　10. 乙方（餐飲廠商）應覓經甲方同意之連帶保證人一名，以保證乙方（餐飲廠商）履行本契約，並與乙方（餐飲廠商）負連帶責任。

十四、合約中止：

　　1. 本合約如有違約事由或法定事由發生，由甲乙雙方隨時中止，但應於一個月前以書面通知對方。

　　2. 乙方違反本合約中任何一條之規定者，確定後甲方得不經催告，逕行終止合約，乙方不得有任何異議，且不得要求任何補償。

　　3. 合約終止後，乙方應於三日內撤離，並恢復原狀，逾期甲方強制逕行處理，若有短少、損傷等事件，甲方概不負責。

　　4. 逾期甲方強制逕行處理，其發生之費用，乙方同意負擔並自保證金及貨款內扣付，於乙方付清以前，甲方得將乙方之物品留置。

十五、罰則：

　　1. 乙方員工或負責人、指定現場負責人，違反本合約中任何一條之規定的重大事件者，除應擔負民、刑事責任，並補償顧客的損失及支付甲方違約金。

　　2. 乙方應支付之各項賠償金、違約金，同意甲方從貨款中扣付或扣抵。

十六、合約條文解釋，如雙方有爭議時，概依甲方之解釋為主。

十七、甲乙雙方如涉及訴訟，在甲方當地的地方法院起訴，以解決爭議。

十八、本合約經雙方誠意協議如上，恐口無憑，特立本合約為據，一式三份，甲乙雙方各執一份，另一份存放法院公證處備查。

立合約書人：

甲　方：　　　　　　　　　乙　方：

負責人：　　　　　　　　　負責人：

代理人：　　　　　　　　　身分證：

身分證：　　　　　　　　　住　址：

住　址：

保證人：

身分證：

住　址：

中　華　民　國　　　　　年　　　　　月　　　　　日

　　此文件僅供參考，所有簽約的文件均須透過公司的法律顧問，交由公司委辦。

　　各美食櫃位營業作業狀況不同，簽訂合約時得做適當修改。

　　品牌大餐廳的設立，因規模佔地較大，各項規範、要求條件嚴謹，裝潢設備費用大、時間長，且專業項目多，雙方事前須先洽談交換條件。

　　購買美食也可採取櫃位出租或租用百貨公司提供的收銀機，自行結帳、再每日結算。

第5章 大商場──營運篇

01
部門組織與部門職責

一、部門組織

籌備期

　　考慮到人員報到日期有先後之分，所以要同時顯示，用以做為晉用進度管控之用。

人事組織及晉用進度管控表

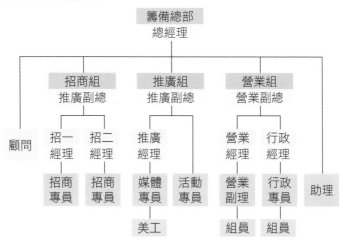

說明：1. 年度、月份依實際運作增添
2. 職務名稱、人員採用數依實際運作增減
3. 薪資另計但須根據本表編列預算

人員晉用計畫	日期：					年
名稱	人數	1	2	3	4	5
總經理						
副總經理						
顧問						
經理						
專員						
副理						
助理						
組員						
月份合計						
年度合計						

部門人員編制	組別名稱	總、副總	顧問	專員 副理	助理 組員	小計
	籌備總部					
	營業組					
	招商組					
	推廣組					
	部門合計					

營運期：人事組織

一般商場都有符合其所需的人事組織，並且在必要時加以調整，人事組織由上而下，分門別類，做出整體管理作業的系統圖表。公司愈大人事組織就愈龐大、愈複雜，長長的人事系統圖表就夠你看上半天。

圖表有橫式和直式分述如下：

橫式：傳統式購物中心舉例

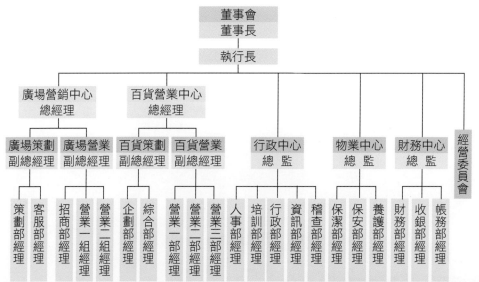

直式：歐美式百貨公司舉例

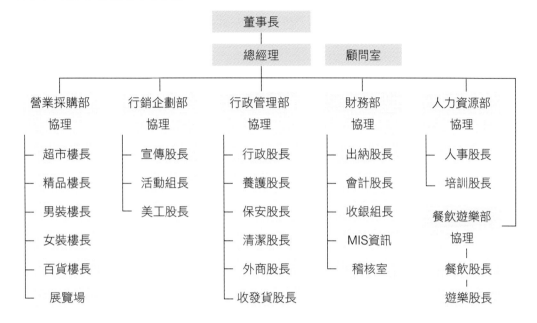

1. 各部門下設股長、組員、鐘點工…等，另行分設、名稱自定，因大商場組織龐大，薪資費用高，因此要特別嚴謹考核。
部分作業皆由外界承包，公司嚴格監督。
2. 百貨營業部門為營業採購合一方式，量販、超市則營業與採購是分開的。
3. 各公司皆有他們的實際需求，上表僅供參考。

二、部門職責

1. 籌備部職責
   (1) 協助進行項目前期市場調研，協助完成「商業計畫書」及項目定位，確定問題。
   (2) 依據公司整體戰略及專案定位，協助參與並確定專案經營管理模式。
   (3) 根據市場訊息，專案定位及項目整體情況協助完成商業行銷策劃方案。
   (4) 組織並參與專案平面佈局規劃的論證並確定方案（含業態、品牌落位）。
   (5) 負責完成租金及招商費用，測算方案及審批確定工作。

(6) 負責制定招商條件及優惠政策方案及相關審批確定工作。

(7) 負責制定招商作業流程（含工作流程、業務流程及相關表單及協助文本的確定）。

(8) 負責整體專案招商計畫的制定及執行。

(9) 根據業務需要，落實與行銷、工程、物業及其他部門的溝通及對接工作。

(10) 負責所有進駐商家的商務談判及協定簽訂全程協調工作。

(11) 負責招商檔案及其他相關檔案的整理及交接工作。

(12) 負責商家進場裝修協調工作及開業前準備協調工作。

(13) 負責有關招商資訊的收集、回饋。

(14) 負責協調各商家間租賃矛盾及突發事件。

(15) 協調、協助租金收取工作。

(16) 根據經營策略進行調整，及時制定相應的招商方案並執行。

(17) 根據公司及業務發展需要，提出本部門組織架構調整方案並追蹤落實。

(18) 公司交辦的其他工作。

2. 營運部職責

(1) 依業務不同設立各科室，分樓層管理及銷售各分類商品。

(2) 編列各項銷售計畫及執行、營業預算、目標管理。

(3) 專櫃廠商上下櫃及管理、業績評估管控，與專櫃客戶溝通協調，對專櫃商品銷售工作進行指導，包括優化商品結構、櫃檯陳列、促銷等，隨時引進新的優良品牌廠商。

(4) 做好銷售工作：及時回饋銷售和商品資訊，跟進商品貨源，組織商場整體促銷活動，策劃開展部門促銷活動，進行盤點，分析銷售狀況，完成商場下達的銷售任務，保證自營商品的進銷調存與合理運轉。

(5) 做好售貨員管理工作，提高服務水準，改善服務品質，提高顧客滿意度。

(6) 負責商品陳列及主題陳列的控制，協助公司各項活動。

(7) 受理顧客的各類投訴，做好售後服務工作。

(8) 策劃和提升企業形象，協調與公共媒體的關係，拓展商圈覆蓋範圍，開發集團購買。

(9) 進行市場調研，收集顧客對商場的評價建議，為商場主管提供諮詢意見和決策依據。

(10) 負責商場總體美化佈置工作，營造良好的購物環境；保持營業現場環境整潔、美觀、舒適。

(11) 監控商品品質和價格，督導商場的經營。

(12) 做好防火、防盜安全工作。

(13) 執行每日順利開店、打烊之任務。

(14) 管控收銀台各項業務、替代收銀、用餐等事項。

(15) 公司交辦的其他工作。

3. 行銷部職責

(1) 根據企業戰略規劃制定長期性、區域性策劃計畫。

(2) 全面主管策劃中心工作。

主持策劃系統管理人員和主要技術人員的工作指導、業務培訓、工作安排、檢查監督和考核評價工作，主持擬訂公司策劃工作的各項細節、流程、規章和規範。

(3) 督辦公司品牌建設、文化行銷體系建設和企業文化建設工作。

(4) 編列月度、年度行銷推廣計畫、裝飾計畫、各項活動計畫。

(5) 審核、擬訂、主持和組織重大策劃活動方案。

(6) 與廣告公司、公關公司、媒體機構保持良好的合作關係，定期組織進行相關活動，不斷提升購物中心知名度、美譽度和公眾認知率。

(7) 制定公司形象及專案，提出主題鮮明的 CIS 系統、標示系統、內外景觀。

(8) 對專案的公關、運營、招商等重大活動進行策劃，制訂策劃方案並組織實施。

(9) 協調策劃中心與其他相關部門的溝通與配合工作。

(10) 佈置大櫥窗、各樓 VP 點、展示場。

(11) 執行全館 VMD 方案。

(12) 定期印製各項宣傳刊物、建立有效的顧客對象。

4. 行政部職責

(1) 撰寫公司大型文稿，起草公司重要文件，管理公司的管理文件體系。

(2) 組織全公司性會議、活動。

(3) 購買、發放通用辦公用品，管理公司固定資產。

(4) 列印文稿，收發檔案，管理文檔。

(5) 調度公司車輛，並負責其年審、保險、維修等工作。

(6) 保衛公司安全，對保安工作進行督查並組織培訓。

(7) 負責 ISO 認證品質體系的日常維護管理。

(8) 負責公司 MIS、POS 系統資料安全、設備運作正常、系統網路通暢。

(9) 建立和維護公司的電腦系統，協調各部門電腦系統的運用和銜接，並提供電腦技術支援。

(10) 維護辦公區的文明、整潔，監督公司辦公行為規範的貫徹執行，保證辦公區內設施完好、運轉正常。

(11) 協調與外部管理部門的關係，辦理相關證照。

(12) 負責公司法律事務。

(13) 負責工會和計畫生育工作。

(14) 來信的處理、來訪的接待工作。

(15) 協調與外部管理部門的關係，辦理相關證照。

(16) 完成主管交辦的其他工作任務。

5. 人力資源部職責

(1) 建立職務職能、任職資格體系，制訂人員定編方案。

(2) 辦理員工招聘、調動事宜，建立人才招聘管道，完善人才招聘與選拔系統。

(3) 負責公司員工的人事業績考核與完善激勵體系。

(4) 管理員工合同，建立、管理薪資檔案。

(5) 辦理計算薪資核發。

(6) 執行公司薪資分配方案，管理薪資基金。

(7) 統計、匯總公司人事勞資資料。

(8) 辦理員工養老、工傷、醫療、失業、福利及社會保險。

(9) 建立良好的人力資源內外溝通環境，與政府部門建立良好的合作關係。

(10) 調查、識別各類培訓需求，擬制培訓計畫，並組織實施具體的培訓工作。

(11) 負責新員工入職培訓、專題培訓、員工崗位技能競賽及管理幹部再培訓。

(12) 建立、健全人才培訓、儲備、選拔機制，定期開辦人才自薦提升班。

(13) 組織編寫、審核培訓綱要、教案，準備設備與器材，做好培訓紀錄。

(14) 管理培訓場地和設備，充分開發與利用各類培訓資源。

(15) 協助其他部門組織開展培訓工作。

(16) 負責公司教練隊伍的組織管理工作，並對公司培訓進行評估，組織員工參加公司內外培訓，並管理矯正培訓人員。

6. 物業管理部職責：部分業務可由物業專門公司承包

(1) 負責物業實際情況，組織、修訂有關物業管理規章制度並組織執行落實。

(2) 負責全公司物業工作，包括警衛保安、清潔衛生、安全維護、機件保養。

(3) 保安組：

A. 執行全公司內外安全巡視、維護、通報。

B. 防水、防火、防震等災害發生及處理。

C. 盜竊、滋事、騷擾、恐嚇及突發事件之處理。

D. 商舖、專櫃及收銀工作安全事項。

E. 從業人員出入管制、商品放行查驗處理。

F. 執行公司出納交款護鈔事宜。

G. 打烊後全公司總檢查、複查及設定防盜系統。

H. 配合日夜改裝工程、清潔衛生工作，做好監督事宜。

(4) 維護組：

A. 照明、水電、空調、煤氣等保養修護及施工監督。

B. 飲水衛生設備、給排水系統設施監督管理。

C. 消防系統、防火鐵捲門、安全門等定期檢查和維護。

D. 通訊、資訊、視訊、播音系統、監視系統等檢查和維護。

E. 機械、電力、泵浦等操作與維護，機電緊急處理。

F. 各項維修、服務、工料費用之估算與扣款繳費處理。

G. 冷凍冷藏。櫃庫的維護管理。

H. 美食街的設備安全檢查。

I. 編撰技術工作手冊、詳載各項 SOP 操作程序。

(5) 清潔組

A. 負責全公司內外、日夜清潔衛生工作。

B. 清理突發事件現場清理。

C. 維護環境清潔。

D. 清理加工房環境衛生。

E. 定期消毒。

7. 財務部職責
    (1) 財務部應遵守國家財經法規，執行集團及公司各項財務規章制度。
    (2) 參與公司的長短期發展規劃，編制公司年度經營計畫和財務收支計畫，制訂公司經營方面工作目標，並在實際工作中監督計畫執行情況，考核工作目標完成情況，及時準確地反映公司的經營成果和財務狀況，為公司主管提供準確及時的財務資訊。
    (3) 根據公司的特點，制訂各項財務管理制度及各種財務管理辦法，使公司的每一項經濟業務都有法可依，有章可循，使公司的每一個經營環節都處在財務的監督和控制狀態。
    (4) 及時回饋公司及各部門的經營情況，按月進行費用支出情況分析，及時揭露公司各部門及各經營環節在經營管理中存在的問題，並督促制訂相應的整改措施。
    (5) 從宏觀和微觀兩個方面控制公司成本費用開支，拓寬公司收入管道，參與各管理處制訂多種經營計畫，從財務角度提供專業的預測分析及可行性研究報告。
    (6) 季度和年度進行公司全方位的經營活動，總結經驗，揭露問題，提出合理建議，制訂改進措施。
    (7) 協調並處理公司對外關係，包括稅務局、金管處、銀行等政府部門及其他關係單位，使公司始終處於寬鬆的發展空間。
    (8) 設立稽核室：
        A.營運稽核管理：有關營收、MIS、薪資、採購付款、專案調整等業務。
        B.財務稽核管理：投資、融資、預算、會計業務、印鑑用印及保管之查核、其他與財務有關之稽核事項。
        C.財物稽核管理：固定資產、存貨查核、銀行存款查證、出納庫存、現金、零用金使用及保管之查證。
        應收票據、有價證券、提貨單、禮券、外幣買賣等盤點查證。
8. 客服部職責：
    (1) 編制年度計畫及預算。
    (2) 策劃全公司服務禮儀、理念的教育訓練。
    (3) 針對營業人員服務觀念，提案改善並落實。
    (4) 掌握客服業務、推動顧客服務、顧客投訴的處理、顧客疑問的諮詢、尋人廣播、現場臨時狀況的處理、嬰兒車出借、停車場免費服務。

(5) 辦理積分積點服務、贈獎贈品服務。

(6) 配合活動禮儀接待、引導服務。

(7) 提供對外資訊服務，努力提升公司形象，贏得佳績。

(8) 總機工作人員、電梯工作人員、服務台工作人員、文化教室工作人員、電話業務及禮儀。

(9) 處理文化教室狀況。

(10) 管理 VIP 室，接待貴賓。

(11) 執行貴賓卡、店內卡之申請、推廣、發行店卡、記點等作業。

(12) 執行贈品、獎品等之相關工作。

(13) 負責禮券、大宗商品批發等對外推廣及銷售業務。

9. 總經辦職責：

  (1) 上櫃小組：

    A.公司上市上櫃之規劃。

    B.申報主管機關之證券業務。

    C.股東會、董監事會之召開及資料準備。

    D.公司經營資料之準備及提供。

    E. 會計師及總管理處業務聯繫。

    F. 股東股票業務及質押作業、投資備詢。

  (2) 資金調度小組：

    A.資金預算之編列、執行控制。

    B.資金之籌措、調度、提撥、編列之處理。

  (3) 秘書組：

    A.總經理交辦事項。

    B.機秘文件之處理。

    C.重要會議紀錄及決議案之執行追蹤。

    D.公關事項之執行

    E. 各類合約案件之保管

    F. 各單位聯繫及協助行政事務處理。

  (4) 專案小組：對特殊情況成立專案小組，處理特殊案件。根據部門職責，編立各職別工作崗位細則，作為各部門工作人員的工作規範。

02
制定營運計畫、經營策略與推廣策略

一、營運計畫

百貨十年經營預算表：策劃時先行編定，做為開業後參考

項目	第一年	第二年	第三年	第四年	第五年	第六年	第七年	第八年	第九年	第十年	合計
營業收入（含稅）											
銷售成長比	%	%	%	%	%	%	%	%	%	%	
營業收入（除稅）											
營業毛利率	%	%	%	%	%	%	%	%	%	%	
營業毛利額											
營業費用											
費用成長比	%	%	%	%	%	%	%	%	%	%	
營業費用占比	%	%	%	%	%	%	%	%	%	%	
預計淨利											

營業收入：銷售總收入

銷售成長比：逐年成長比率

營業毛率額：銷售收入 － 進貨成本

營業費用包括

變動費用：廣宣費、包裝費、交際費用、運費

固定費用：固定資產折舊、裝修費攤消、開辦費攤消、場地租賃費、傭金
費賣場管理費攤消、人事費用、差旅費用、通訊費用、保險
費、水電瓦斯、保養費、利息支出、勞務費、其他費用。

稅後淨利：加入其他業務收入、扣除營利事業所得稅及其他稅項後，淨所
得可分配利潤。

1. 百貨營運：
   (1) 編列全店全月、3 個月、半年營業預算與計畫
   (2) 百貨公司 X 月營銷計畫：

項目	業績目標	元	預測業績	元	毛利率	元
	超級市場	婦女雜貨	婦女服飾	男士服飾	童裝百貨	餐飲遊樂
預測目標						
佔有比	%	%	%	%	%	%
毛利率	%	%	%	%	%	%

XX 年 XX 月　　　月次營業計畫預算表

項目	今年預估	佔有比	毛利率	毛利額預估	櫃位數	櫃位面積	櫃位佔有率	抽成率預估
生鮮食品		%	%	%		坪	%	%
乾貨食品		%	%	%		坪	%	%
非 食 品		%	%	%		坪	%	%
保 健 品		%	%	%		坪	%	%
專 門 店		%	%	%		坪	%	%
超市外場		%	%	%		坪	%	%
化 妝 品		%	%	%		坪	%	%
女　　鞋		%	%	%		坪	%	%
女　　包		%	%	%		坪	%	%
飾　　品		%	%	%		坪	%	%
雜　　貨		%	%	%		坪	%	%
女士雜貨		%	%	%		坪	%	%
少 女 裝		%	%	%		坪	%	%
少淑女裝		%	%	%		坪	%	%
內 睡 衣		%	%	%		坪	%	%
加大女裝		%	%	%		坪	%	%
淑 女 裝		%	%	%		坪	%	%
進口洋裝		%	%	%		坪	%	%
珠寶手錶		%	%	%		坪	%	%
名牌精品		%	%	%		坪	%	%
女士服飾		%	%	%		坪	%	%

項目	今年預估	佔有比	毛利率	毛利額預估	櫃位數	櫃位面積	櫃位佔有率	抽成率預估
男士服裝		%	%	%		坪	%	%
男士雜貨		%	%	%		坪	%	%
休 閒 服		%	%	%		坪	%	%
運動用品		%	%	%		坪	%	%
嬰 兒 服		%	%	%		坪	%	%
童 裝		%	%	%		坪	%	%
兒童雜貨		%	%	%		坪	%	%
玩 具		%	%	%		坪	%	%
寢具家飾		%	%	%		坪	%	%
小 家 電		%	%	%		坪	%	%
五金用品		%	%	%		坪	%	%
3C專櫃		%	%	%		坪	%	%
影音用品		%	%	%		坪	%	%
圖書文具		%	%	%		坪	%	%
趣味雜貨		%	%	%		坪	%	%
美 食 街		%	%	%		坪	%	%
品牌餐廳		%	%	%		坪	%	%
遊 樂 場		%	%	%		坪	%	%
其他服務		%	%	%		坪	%	%
全館總計		%	%	%		坪	%	%

備註：部分商品分類是專櫃加自營

　　　各百貨公司商品分類不同，本表僅供參考

XX 年 XX 月　　　　　　　　月次營業業績預算表

樓別	營業業績	展示場		其他收入		去年銷售	預算銷售	實際銷售	對比 %
		樓	樓	樓	樓				
日期＿＿＿週別＿＿＿				週別合計					
					全月合計				

XX 年 XX 月　　　　　　　　營業基本計畫表　　　　格式依使用情況適當調整

日期	1	2	3	4	5	6	7	…	31
星期	一	二	三	四	五	六	日	…	三
節慶日								…	
季節區別、氣溫								…	
全館活動	◄―――――秋裝新品上市――――――►								
	◄―――中秋禮品展―――►					◄―――夏裝大出清―――►			
贈獎活動	◄―――來店禮―――►								
展示場活動	A 館 XX 展		B 館 XX 特賣會			中庭 XX 歌星簽名會			
廣宣媒體訴求									
X 樓促銷活動									
X 樓促銷活動									
X 樓促銷活動									
文化教室									
同業販促活動									

銷售平衡分析

樓別		業績分析			平米〈坪〉效分析			毛利分析			人效分析	
		銷售額	佔比	成長	面積	佔比	平效	毛利額	毛利	成長	店員	人效
1樓	上期		%	%	m²	%	元/m²		%	%	人	元/人
	本期											
2樓	上期											
	本期											
3樓	上期											
	本期											
N	上期											
	本期											
合計	上期											
	本期											

備註：會計年度分為 S 期 (春夏)、F 期 (秋冬) 兩期統計

(3) 每周「行銷販促作戰會議」
　　商場如戰場，商情瞬息萬變，每周固定時間〈如周六下午，要避開周
　　一〉，由行銷部門主持，營業部門各樓長參加，如設有採購部門時，
　　各商品採購都要參加，討論內容如下：
　　A.檢討本周缺點
　　B.討論下周販促活動、廣宣媒體、裝飾演出
　　C.報告競爭同業狀況及對策

(4) 商品管理

    A. 認識各部所屬商品

    B. 掌握商品生命週期

    C. 掌握商品深廣度

    D. 重視盤點，減少損失

    E. 了解商品貨架的陳列與商品裝飾

    F. 如何做到業績好而存貨少

(5) 銷售管理

    A. 掌握商品銷售的利因

    B. 做好商品市場調查

    C. 如何提高業績又顧及毛利

    D. 有效分析迴轉率

    E. 業績不好時如何分析並做出對策

    F. 有效因應市場競爭

    G. 做好當月、3 個月營業販賣計畫表，半年次初步計畫表

(6) 專櫃管理

    A. 專櫃申請、進櫃、撤櫃、移櫃之管理辦法

    G. 專櫃進櫃、撤櫃合約簽核流程

    C. 專櫃抽成扣點作業準則

    所謂抽成是指專櫃實際交易營收所得，依雙方合約規定，廠商提供約定的比率給百貨公司的銷貨所得款項，供百貨公司支付人事、宣傳、裝修及其他管銷費用。

    ● 設櫃收費種類：

    a. 一般抽成：營業額 X 折扣抽成率＝抽成額

      折扣抽成率：每降一個折扣，抽成率降 1%

      如商品：正品 8 折 7 折 5 折 特價

        抽成：23% 21% 20% 18% 18%

      計算公式：如正品 23%，7 折為銷貨折數

      折扣抽成率 23%÷2×1.7%＝19.55%〈以 20% 計〉

    b. 單一抽成：臨時櫃或商品多樣則訂定單一抽成率為準

    c. 租金：依依雙方合約規定，每月固定支付租金

    d. 租金＋抽成：收取固定租金外，再依營業額收取抽成額

    e. 抽成＋達標抽成：原抽成加業績超標部分調整抽成

廠商設櫃申請書

申請日期： 年 月 日

櫃 號	
科 別	
樓 別	

一、申請設櫃廠商資料

公司名稱		公司簡稱	
公司地址		企業類型	
營業證號		郵遞區號	
開戶銀行		授權代表	
銀行帳號		企業性質	
稅務代號		法定代表	
廠商編號		註冊資本	
成立日期		電話號碼	
備 註		傳真號碼	

二、申請設櫃商品內容

業種編號	業種名稱	商品品牌名稱			業種編號	業種名稱	商品品牌名稱		
		英文名稱	中文名稱	價格帶			英文名稱	中文名稱	價格帶

三、申請設櫃配合條件

設櫃位置	樓 區位號碼		櫃位面積 m²	公共面積 m²	
設櫃期間	年 月 日 至		年 月 日		
合作方式	□專櫃方式	□代銷方式	□買斷方式	□租賃方式	
收銀方式	□統一 □廠收繳			□廠商自行收銀	
結算依據	實際銷貨金額結算	實際銷貨金額結算	實際進貨金額結算	實際營業面積結算	
抽成率				元/m²/月	
成本率				元/月	
結算方式	□月結 □	□月結 □	□月結 □	□月結 □	
付款票期	□30 天 □	□30 天 □	□30 天 □		
付款方式	□支票 □電匯 □	□支票 □電匯 □	□支票 □電匯 □		
收款方式					

設櫃位置以甲方提出之平面圖為准。

公共裝修 □甲方 □乙方	費用負擔 □甲方 □乙方	□一次 □分期
店櫃設計 □甲方 □乙方	費用負擔 □甲方 □乙方	□一次 □分期
店櫃裝修 □甲方 □乙方	費用負擔 □甲方 □乙方	□一次 □分期

履約保證金： 　　開幕廣告贊助： 　　物業管理費：

收銀設備租金： 　　年度廣告贊助：

營業人員費用分攤 □甲方 □乙方

四、申請設櫃營業目標

年度			第一季			第二季	
月份			小 計			小 計	
營業額							
年度			第三季			第四季	
月份			小 計			小 計	
營業額							
上半期合計		下半期合計			全期總計		

五、全省設櫃地點及營業概況

公司名稱	樓 層	面 積	月均營業額	月均平效	備 註

六、廠商提交有效證照

公司基本證照	□營業執照副本 □稅務登記證明 □註冊商標證明 □法人委託書 □印 鑑 卡 □出廠合格證 □質檢報告 □完稅證明	商品經營證照	□進口化妝品衛生許可證批件 □進口食品衛檢證書 □進口商品商檢證 □外埠食品、化妝品、保健品銷售登記註冊批准證 □食品衛生許可證 □金銀飾品經營許可證 □音像製品經營許可證 □生產許可證或准產證批件 □代理商品牌授權證

七、其他

設櫃位置以甲方提出之平面圖為准。 未經甲方同意，乙方不得任意變更商品內容。 乙方若未如期設櫃時，甲方除沒收乙方交付之保證金外，並可將予定設櫃位置讓與第三人，乙方不得異議。 本設櫃申請書于正式合同簽定時失效。 本設櫃申請之內容於未正式簽約前，雙方應依誠信原則履行。

甲方：						乙方：	申請廠商簽章
總經理		副總經理		協理			
商品經理		商品科長		承辦人員			

f. 包底：

依業績計算：專櫃業績未達約定的業績，要補足協定抽成額，
超標時依實收全部金額計算抽成額。

依抽成額計算：專櫃未達約定的抽成額目標，要補足不足的抽
成額，超標時依實際計算的抽成額抽成。

到底採用何種方式有利，最簡單的方法是兩者取其高，但是要考
慮有不同品牌、地點位置、潛力、發展性等因素。

D. 專櫃廠商營收報帳作業規定

分設收銀台統一報帳或在專櫃安裝收銀機，由廠商自行報帳

E. 專櫃廠商扣款作業規定

扣款明細：

- 設櫃保證金：先期交納，撤櫃後三個月還款
- 進場保證金：先期交納，開業後三個月還款
- 電話保證金：設置電話，使用電話
- 薪資保證金：薪資保證金
- 施工保證金：保障施工中的安全、無損
- 罰款：廠商違規罰款
- 管理費：合約規定費用
- 信用卡手續費：銀行收取信用卡使用手續費
- 制服名牌費：有使用時得付款
- 餐費：公司供餐，營業員伙食費
- 廣告費：依合約規定費用
- 物業費：依合約規定費用
- 通訊費：月租金、話費
- 印製費：打印 POP、海報、貼牌
- 顧客賠償金：商戶與顧客發生糾紛
- 租金：貨架、道具、花車、拍賣車租用付費
- 加班費：因商戶原因致使本公司人員加班
- 代發薪資：代商戶發放員工薪資，如代雇售貨員
- 慶典：大活動廠商贊助
- 場地租金：提供場地供廠商運用
- 水電費：依合約規定支付煤氣、水電費用
- 包裝費：使用公司包裝袋

- 修改費：服裝修改
- 其他：代墊運費、罰款、代購物品、超付款額、特別加裝
F. 賣場廠商私接水電懲罰辦法
G.美食街排水溝管理規定
H.使用瓦斯管理辦法
I. 影響賣場安全懲處規定
J. 專櫃人員服務手冊

(7) 廠商所需資質證明：2～12 項相關事項均提供影本
大陸各廠商在簽定合同時，進場設櫃須提供如下資質證明：

序號	項目	份數	確認
1	合同（必備）	4 份	
2	營業執照副本（必備）	2 份	
3	稅務登記證（國稅／地稅）（必備）	2 份	
4	組織機構代碼證（必備）	2 份	
5	開戶許可證／開戶銀行／帳號（必備）	2 份	
6	委託代理書	2 份	
7	產品代理授權書	2 份	
8	商標註冊證	2 份	
9	衛生許可證	2 份	
10	檢驗報告	2 份	
11	進口類商品進口關稅證明	2 份	
12	特殊行業經營許可證（黃金珠寶／圖書影像等）	2 份	

說明：
A.營業執照和稅務登記要求生產廠商和合同乙方分別提供。
B.若簽約乙方不是所提供執照的法定代表人，則須提供委託代理書。
C.除非是生產廠家，否則必須提供產品代理授權書或代理商提供經銷協定。
D.若該廠商是特殊品類廠商，則必須提供經營該品類的經營許可證。
E.若經銷或代理商品為進口商品，則必須提供進口類商品關稅證明。
F. 進口食品比較嚴格，須取得四項證明：海關完稅證明、增值稅完稅證明、衛生許可證明、檢驗檢疫證明。要求如下：

A.如果合同乙方為產品代理商，須將其提供的各種代理品牌的資證，以品牌分類，分別整理並裝訂，切勿混雜。

B.要求合同乙方對其所必須提供的相關資料影本，必須加蓋其企業紅色印章；此外，乙方法定代表人授權其委託代理人之委託代理書的紅印章，必須與合同文本上的印章相符。

台灣廠商進場設櫃須提供如下證件：

A.營利事業登記證：經濟部及各地政府建設局影印本。

B.銀行帳號：電匯或其他資料。

C.公司負責人、保證人〈業務代表〉等身分證影印本。

(8) 開幕月營業預算與計畫：專案處理

(9) 顧客服務：顧客名單設立、服務項目及執行、積點、贈獎

2. 購物中心營運：

(1) 購物中心營銷計畫、發行宣傳月刊、舉辦各項活動。

(2) 租戶分類規範與租戶組合的管理：訂約、解約、收租金、保證金、物業費、廣告費。

(3) 核心租戶管理：主力店、餐飲租戶、娛樂租戶等。

(4) 購物中心管理：重要的報告、租約報告表、收入與支出、銷售額報告、承租戶管理守則、物業管理等。

(5) 營運：外包／談判，管理／回顧工作，合同和保險、主要外包合同、財務管理、風險評估。

(6) 行政管理、財務：現金記帳方法、欠租處理、保險登記、一般事項日常行政工作。

二、經營策略

1. 經營業態：百貨公司、購物中心、量販批發或超市型態。

2. 價格政策：高品質、低價位為現時零售業最新的價格政策。

量販超市是採大量進貨，壓低商品價格出售。

專門店以其專業獨特商品出售，價格相對提高。

購物中心集合多家品牌店，價格由各家控制。

百貨公司集合多家專櫃，採統一收銀報帳或管控各家收銀、統一行銷活動，因此價格較能管控。

3. 服務品質：親切禮貌、以客為尊，設置客服中心，處理顧客提出的問題，誠心誠意為顧客服務。

一般有免費停車、商品退換、辦理會員、廣播尋人、免費借嬰兒車、兌換獎品、購物積點優惠辦法、商品配送…等，用以回饋顧客。

三、推廣策略

編立每月、每季、半年的行銷販促計畫〈參閱第六章說明〉

四、商場計數管理

- 賣價：商品標價牌標明的價格就是賣價
- 原價：從供貨商購貨的價格就是原價
- 利潤：顧客購物的款項扣除原價就是利潤，賣價＝利潤＋原價
- 加價額〈利潤〉：從供貨商購入的商品價格基礎上加入的金額即為加價額
  加價率=〈賣價－原價〉／賣價×100
- 銷貨額：已實現之銷貨金額
- 淨銷貨額：總銷售額－銷貨退回或銷貨折扣後的餘額
- 銷貨成本：期初存貨成本＋本期進貨成本—期末存貨成本
- 進貨成本：以成本計算的進貨金額，即向供應商直接進貨的價格
- 進貨額：以售價計算的進貨金額
- 存貨額：實際盤點後已確認之存貨的售價總額
- 期末存貨成本：
  1. 〈期初存貨＋本期進貨〉／〈本期銷貨＋期末盤存額〉=存貨成本率
  2. 期末盤點額×存貨成本率=期末存貨成本
- 毛利額：銷貨額－銷貨成本
- 毛利率：毛利額／淨銷貨額×100%
- 提價額：進貨額—進貨成本
- 提價率：〈進貨額－進貨成本〉／進貨額
- 變價額：已計算之售價變更額
- 變價率：變價額／銷貨額×100%
- 損耗額：應有銷貨額—銷貨額　　應有存貨額－存貨額
- 損耗率：損耗額／銷貨額×100%
- 存貨周轉：銷貨額／〈期初存貨額+期末存貨額〉／2
- 進貨零售價：進貨成本價／〈1－加價率％〉
  例：帽子進貨成本價 100 元想提價 2 成為售價
  100 元／80%＝125 元〈1－20/100%〉

- 商品回轉率：銷貨額／平均庫存〈零售價〉
- 平均庫存＝〈期初存貨＋期末存貨〉／2
- 交叉比率：毛利率×商品回轉率＝商品投資報酬率
  通常以每季計算周期，交叉比率數值愈大愈好，比率低的優先淘汰
- 存貨盤點：
  帳面庫存金額－實地盤存金額＝虧損金額
  帳面庫存金額＝期初存貨＋本期進貨－本期銷貨＋移入金額－移出金額－
  退貨金額＋提價金額－減價金額
  ※百貨零售業採用零售價法估定存貨

03
商品分類與管理信息系統〈MIS〉

一、百貨商場商品分類

各公司都有其獨家規定但大同小異，本表僅供參考。

部門	大分類	中分類
超市餐飲	00 超市餐飲	00 生鮮食品：魚類、肉類、水果、蔬菜、熟食 01 乾貨食品：市場雜貨、冷藏冷凍食品 02 非食品：日用雜貨、清潔用品 03 禮品：一般禮品、高級禮品、季節禮品 04 專門店：飲料點心、麵包糖果、藥局
女士雜貨 女士服裝	10 女士雜貨 20 女士服裝	10 化妝品　11 女鞋　12 女包　13 飾品　14 雜貨 20 女士服裝　21 少女裝　22 少淑女裝　23 淑女裝 24 都會女裝　25 女士特選　26 大尺碼裝　27 內衣睡衣 28 珠寶名錶　29 其他
男士服裝	30 男士服裝	30 紳士服、領帶　31 紳士雜貨　32 休閒服　33 旅行箱 34 運動服、運動用品　35其他
兒童居家	40 兒童玩具 50 家庭用品 60 家用雜貨	40 嬰兒服　41 童裝　42 雜貨　43 玩具　44 其他　50 寢具 51 家具　52 室內飾美　53 家電　54 家庭用品　55 其他 60 趣味雜貨　61 影片音響　62 書局　63 文具用品 64 其他
餐飲遊樂	70 餐飲遊樂	70 小吃　71 餐飲　72 遊樂場

二、購物中心的商品分類

依照各樓各商品區域劃分，以各店編號為管理基準。

三、大賣場、量販店的食品商品分類

部門	大類代號	大類名稱	中類代號、中類名稱	
01	011	蔬菜	01101 蔬菜	01102 土產
	012	水果	01203 國產水果 01205 水果禮盒禮籃	01204 進口水果
	013	水產	01306 水海產製品 01308 海產雜貨 01310 海水魚 01312 貝殼類 01314 淡水魚	01307 海藻製品〈乾〉 01309 生魚片 01311 冷藏冷凍魚 01303 魚丸魚製品
	014	畜產	01415 牛肉類 01417 豬肉類 01419 羊肉類 01421 家禽類 01423 山產動物	01416 牛內臟 01418 豬內臟骨物 01420 羊肉類 01422 家禽內臟 01424 調味加工品
	015	生鮮雜貨	01525 醬菜 01527 雜貨類 01529 菜盤 01531 熟食	01526 農產加工品 01528 蛋類 01530 烤炸類 01532 清涼食品
	019	其他	01999 其他	
02	021	冷藏日配	02133 冷藏奶品 02135 冷藏甜點 02137 冷藏火鍋料	02134 冷藏乳酪 02136 冷藏雜貨
	022	冷凍食點	02238 冷藏冷凍蔬菜 02240 冷凍魚製品 02242 冷凍雜貨	02239 冰品 02241 冷凍肉製品
	023	麵包	02343 自家麵包	02344 禮餅禮盒
	029	其他	02999 其他	
03	031	麵米調理	03145 調味品 03147 甜點、粉類	03146 麵 03148 鹽糖
	032	罐頭佐膳	03249 速食調理 03251 鹹類罐頭	03250 水果罐頭 03252 佐膳品

部門	大類代號	大類名稱	中類代號、中類名稱	
03	032	罐頭佐膳	03253 寵物食品	03254 健康食品
	033	飲料	03355 各種飲料	
	034	米類	03456 五穀雜糧	
	039	其他	03999 其他	
04	041	濃縮飲料	04157 奶粉 04159 咖啡、奶粉 04161 濃縮粉類 04163 茶包	04158 嬰兒食品 04160 茗茶 04162 濃縮液類
	042	糖果餅乾	04264 國產餅乾 04266 國產糖果 04268 國產巧克力 04270 名產 04272 蜜餞 04274 果仁 04276 魚肉魷魚乾	04265 進口餅乾 04267 進口糖果 04269 進口巧克力 04271 玩具食品 04273 豆干 04275 海苔
	043	菸酒	04377 國產菸酒	04378 進口菸酒
	044	禮品	04479 國產禮盒	04480 進口禮盒
	049	其他	04999 其他	
05	051	外場專櫃		

四、大賣場、量販店的家用百貨商品分類

部門	大類代號	大類名稱	中類代號、中類名稱	
11	111	洗劑用品	11101 面紙類 11103 清潔劑	11102 生理用品
	112	美容用品	11204 洗浴用品	11205 化妝用品
	113	護理用品	11306 刮鬍用具 11308 棉籤類	11307 牙具 11309 梳理用品
12	121	鍋碗瓢盆	12110 陶瓷器具 12112 免洗餐具 12114 PVC 器具	12111 玻璃器皿 12113 微波爐用品 12115 金屬器具
	122	雜貨類	12116 清洗布類 12118 棉毛製品	12117 體重機

部門	大類代號	大類名稱	中類代號、中類名稱	
13	131	一般服飾	13119 內衣褲	13120 睡衣
	132	休閒服飾	13221 絲巾類 13223 泳裝、泳具 13225 旅行用品	13222 運動服 13224 雨具
	133	男裝類	13326 男裝	
	134	女裝類	13427 女裝	
	135	嬰兒用品	13528 嬰兒用品	13529 奶瓶、用品
	136	鞋襪類	13630 鞋類、用品	13631 襪類
14	141	健康器材	14132 球類 14134 大型健康器材	14133 小型健康器材
	142	休閒用品	14135 露營用品 14237 寵物用品	14236 玩具
	143	汽車百貨	14338 汽車百貨	
	144	家飾用品	14439 DIY	
	145	園藝	14540 園藝	
	146	皮件用品	14641 皮件用品	
15	151	文具類	15142 文具、筆類 15144 紙張類	15143 文具雜項類
	152	圖書類	15245 圖書、雜誌	
16	161	小家電	16146 小家電〈廚用〉	16147 小家電〈雜項〉
	162	大家電	16148 大型家電	
19	199	其他	19999 其他	

備註：以上是大賣場、量販店的商品分類，現時各家公司都有各自的分類，但大同小異，
　　　本分類僅供參考。
　　　電腦單位依商品分類製作 POS、商管系統。

交易方式：

1, 自家進口〈獨家商品〉：O〈Own〉
2. 買斷不可退：N〈Non Return〉
3. 買斷可退：R〈Return〉
4. 買斷部分可退：R%〈Return〉
5. 寄賣：C〈Consignment〉
6. 專櫃：CL〈Concession〉

毛利 %　　風險 %

高　　高

低　　低

五、管理資訊系統〈MIS〉

管理資訊系統 Management Information System

　　由專人、電腦及其他外圍設備等組成，能進行資訊的收集、傳遞、貯存、分析、維護和使用的系統。它是一門新興的科學，其主要功能是利用現代電腦及網路通訊技術，加強企業資訊管理，對企業擁有的人力、物力、財力、設備、技術等資源的調查瞭解，建立正確的數據，加工處理並編製成各種資訊、資料，及時提供給管理人員，以便進行正確的決策，不斷提高企業的管理水平和經濟效益。其最終目的是使管理人員及時瞭解公司現狀，把握將來的發展路徑。

　　大商場的 MIS 大都委任可信任的專業公司來建設，培訓公司相關單位操作，專業公司派員協助建檔、維修、調整。

應用 MIS 的主要功能

商品管理

1. 支援經銷、代理、專櫃、美食街等相關廠商處理。
2. 付款方式有款到發貨、貨到付款、半月結、月結、X 天結，依驗收單計算付款期，支票、銀行存款等支付方式，電腦自動實現。
3. 支援主副供應商。
4. 商品實施先開發後使用，SKU〈Stock Keeping Unit〉單品項管理模式，支持原印碼、店內碼。

銷售管理

1. POS 和主機上下傳作業，商品銷售資料即時更新數量庫存。
2. 授權營業主管可隨時查看最新時段報告，了解全賣場各大中小分類商品銷

售狀況，出納人員可即時查看各收銀機台收入金額，作收大鈔及調動收銀人員，支援忙碌機台。

3. POS 自動偵察錯誤作業，作帳務處理。
4. 自動生成收銀人員收銀溢缺表，供出納清算。
5. 變價管理。
6. 訂貨管理。
7. 庫存更正管理。
8. 盤點管理。

採購管理

1. 採購人員申請，主管核准才會生效。
2. 管理新品採購與續訂品採購。
   (1) 供應商資訊的錄入。
   (2) 商品資訊的錄入。
   (3) 快訊資訊的錄入。
   (4) 商品單店的傳輸。
   (5) 快訊商品單店的傳輸。
   (6) 單店售價的傳輸。
3. 採購時機決策標準。

物流／庫存管理

1. 提供賣場及倉庫貨品管理。
2. 庫存管制：驗收、驗退、調撥、報廢、盤點。
3. 所有單據經關帳後進入財務。

帳務管理

1. 帳務管銷貨收入，出納管收銀收入，兩者相互鈎稽，產生營收部分。
2. 帳務成本人員須核對電腦進貨資料和所有憑證一致，並在電腦上確認後，進貨及各物流資料方可生效。
3. 成本核算採用零售價之進銷差價法，自動計算成本。
4. 進銷存帳及銷項增值稅由電腦管理，產生帳冊及會計傳票。

帳款管理

1. 經銷、代理、專櫃、美食街等相關廠商的帳款自動結帳。
2. 帳款之產生一定經由財務確認日結，關帳自動建立。
3. 預支貨款須憑採購單借支。

4. 所有單據須收入發票沖帳後才轉至付款檔，發票沖帳後會計分錄自動開立，發票與單據如有差額自動調帳。
5. 電腦依據預定付款日期列印應付帳款餘額表，作為資金運用之參考依據。
6. 電腦依據付款日期產生支付明細表，經確認付款後自動產生分錄傳至出納付款作業，並沖銷借支款單據同時銷帳，避免重複付款，退貨優先扣款。

顧客管理及卡務管理

1. 建立發卡制度，會員基本資訊的錄入，發行顧客卡。
2. 顧客持卡銷費，所有交易明細資料都回收至本機。
3. 會員消費情況的查詢。
4. 管理顧客卡消費積點之營銷活動。
5. 顧客持卡消費判別級別打折處理。
6. 支持公司與銀行聯合發卡，並對其購入、發放、兌回作一系列的電腦管理。

人事考勤管理

1. 統一建立員工人事資料檔案。
2. 統一管理員工升降調離。
3. 統一管理各單位員工排班檔。
4. 系統根據人事級別及公司制度，提供嚴謹的權限控制。
5. 系統記錄員工上下班打卡出勤數據，作薪資計算及考績依據。
6. 薪資計算經核後自動轉帳銀行。

建立操作手冊

1. 顧客會員手冊。
2. 收發操作手冊。
3. 收銀操作手冊。
4. 採購操作手冊。
5. 資訊部〈電腦部〉操作手冊。
6. 人事部操作手冊。
7. 財務操作手冊。
8. 賣場管理操作手冊。
9. 總部資訊系統操作手冊。
10. 電腦夜間運行操作手冊。

04
商場管理

一、百貨招商基本費用規定

1. 開幕贊助費：
   A案： 依據使用平米數定額
   　　　　①：每平方米 xxxx 元
   　　　　②：每櫃最低 xxxx 元
   B案：①：壁面櫃 xxxx 元
   　　　②：中島櫃 xxxx 元

2. 保證金：
   (1) 每個專櫃收取 xxxxx 元，合同期滿後 3 個月無息返還。
   (2) 簽約同時繳款，如未依約設櫃，恕不返還此保證金。

3. 制服費：每人 2 套冬季服（xxxx 元／套／人）（含＿＿＿＿＿＿＿＿）
   　　　　　 2 套夏季服（xxxx 元／套／人）（含含＿＿＿＿＿＿＿＿）
   　　　　　 1 雙皮鞋（xxxx 元／套／人）（含含＿＿＿＿＿＿＿＿）
   　　　　　 1 組名牌配飾（xxx 元／套／人）（含含＿＿＿＿＿＿＿）
   (1) 一次繳款：①：從貨款中扣回　②：廠商繳現金
   (2) 分期繳款：①：從貨款中扣回　②：廠商繳現金

4. 管理費：
   A案： 依據使用平米數定額
   　　　　①：每平方米 xx 元／月　②：每櫃最低 xx 元／月
   B案：①：壁面櫃 xxxx 元／月　②：中島櫃 xxxx 元／月

5. 廣告費：公司重大活動及週年慶廣告費屆時再協議。
   A案： 依據使用平米數定額
   　　　　①：每平方米 xxx 元／月　②：每櫃最低 xxx 元／月
   B案：①：壁面櫃 xxxx 元／月　②：中島櫃 xxx 元／月

6. 租賃廠商：以樓層業種確定租金+物業管理費（另議），水電、煤氣等按表計算。

7. 信用卡手續費：由廠商承擔（根據信用卡在各櫃交易，依銀行手續費計算，在每月貨款中扣回）
   備註：以上各項費用，如有特殊品牌及情況，須專案呈報，總經理裁定。

二、商場行政管理：行政部職掌表

1. 政策方面：
   (1) 總務、保衛、服務、工務政策，制度的擬訂和執行
   (2) 行政工作目標的擬訂、執行、控制
   (3) 行政工作預算的編列、執行、控制
   (4) 行政相關公共關係的建立和聯絡表

2. 總務方面：
   (1) 財產方面
   (2) 公司前後場各項物品請購、驗收、發放、盤點等事項的辦理
   (3) 各類公司財務器具、物品登記、整理維護、調撥等事項的管理
   (4) 公司車輛的保養、維護、油料控制等管理作業
   (5) 公司財務總卡的建立和管理
   (6) 員工生財保管卡的建立和管理
   (7) 員工離職公物移交保管等事項的辦理

3. 事物方面
   (1) 公司物品、商品及裝潢等評估、投保、理賠等保險事宜的辦理
   (2) 物品、品的採購作業之辦理
   (3) 員工伙食評估、發包、監督及伙食費扣款作業的辦理
   (4) 員工制服的選擇、製作、發放、保管及管理等事項的辦理
   (5) 商場內外環境的整潔、美化等業務事項的辦理
   (6) 差旅交通工具、膳宿之安排，車船機票訂定等事務的辦理

4. 保安方面：
   (1) 全方位確保商場內安全、監督一切物品的安全
   (2) 配合公部門負責商場內各類案件的勘察筆錄、保護現場等工作的辦理

5. 服務方面：
   (1) 負責商場內購物諮詢、播音、導購、包裝等服務事項的辦理
   (2) 負責公司辦公區域的接待、服務工作
   (3) 負責電話總機的話務工作
   (4) 負責公司的一切重大活動的禮儀工作

6. 工務方面：

    (1) 各櫃檯電力使用的安全檢查與維護

    (2) 公司電力、機械、照明設備的操作維護

    (3) 電梯、電扶梯及各項設備的操作維護

    (4) 空調系統設備的操作維護

    (5) 給排水處理與維護

    (6) 煤氣管道安全檢查與維護

三、訂立各項管理辦法：依各不同業態做適當調整

人力資源

1. 員工任用管理辦法

    (1) 報到：

    接到公司正式錄用通知後，應在指定日期到人事部門報到，填寫員工紀錄表，辦理報到登記手續、保證手續，由試用部門負責人見面，接受培訓及工作安排，進入試用期階段。

    (2) 提供個人資料：

    填寫員工登記表，提供正確的個資，包括姓名、住址、電話、婚姻狀況、保證人、出現緊急情況時的聯絡人、近期體檢、近期脫帽照片。

    提供身分證、學歷證書、各項執照、經歷資料等之原件和影印本。

    公司提倡正直誠實，保留審查員工提出個資的權利，員工如有虛報行為將立即終止對其試用或解除就業合同。

    (3) 員工試用：

    A.原則上以 3 個月為限，到期轉正式任用。

    B.試用期內如有下列情況，即予辭退：

- 試用期內考核成績未及格
- 違反公司各項規章制度
- 發現個資不實或技能條件不能勝任工作崗位要求〈技術員〉
- 有刑事犯法紀錄
- 不服工作安排或上級管理
- 試用期內行為不檢、散漫，無故缺勤者

    C.試用合格，填寫「試用期滿任用申請表」報人事部核審轉上級審批。

(4) 內部人事調動

公司根據業務需要變動部門或崗位,發出「人事異動令」,員工須服從調動,填寫「工作交接清單」,在規定時間內辦理交接手續。

各部門得接收或調動人員,無權自行借調或干涉人員調動,如業務需要,可事先向上級提出報告,經協調後方可調動。

(5) 員工晉升

公司鼓勵員工努力工作,根據員工考核及業務發展需求,在職位空缺或需增員時,對表現優越、能力出眾的員工,給予晉升。

(6) 員工離職

員工在離職前須辦理離職手續,如擅自離職,公司將按曠職處理,如造成公司經濟損失,要依法承擔賠償責任。

離職手續:

A. 辦理工作交接手續,提出離職交接清單。

B. 交還公司資料、辦公用品、員工手冊、名牌、工作卡、保管物品、鑰匙、制服。

C. 解除勞動合同,依規定處理有關費用問題。

D. 離職前安排人事主管進行離職面談,聽取離職員工意見。

E. 如發生糾紛時,依法仲裁調解。

(7) 員工薪資

A. 公司按實際工作天數計薪,發薪日為每月的 10 日〈各公司不同〉,支付的月薪是員工上個月全月的薪資。

B. 公司在付薪日前將員工薪金明細表交付指定銀行,員工憑該銀行金融卡在提款機領取薪資。

C. 員工在試用期間,領取試用期薪資,3 個月轉正後再領取正式薪資。

D. 個人薪資及薪資結構屬公司機密,員工相互之間及對外不得洩漏。

(8) 員工福利

A. 提供員工制服

B. 擁有個人保管衣櫃

C. 享有公司提供午晚餐

D. 參加公司各項相關業務專業培訓

E. 勞動保險

  F. 參加員工各項活動

  G.年節獎金

  H.年休假：依年資給與休假，日數由各公司規定

2. 員工上下班管理辦法

 (1) 公司實施每週工作 5 天，每週工作時間 44 小時的工作制度。
重要幹部實施工作責任制，必要時得隨機加班完成任務。

 (2) 出勤：

  A.員工上下班進出公司，一律走員工出入口，佩帶出入證及名牌並
主動出示隨身攜帶物品，經警衛人員檢查無誤後，方可離開公
司。

  B.員工上下班須打卡〈也有採用指紋〉，若因故未能打卡，應於當
天及時補寫單據，經主管簽批後交人事部辦理。

  C.員工攜帶物品離開公司時，須填寫單據，經主管簽批後交警衛核
對才可離開公司。

 (3) 法定假日：

  員工每年享有國定假日，如假日必要加班時，安排補休或依法定條例
支付薪資。

 (4) 病假、事假、工傷假、婚假、產假、喪假：

  員工需填寫單據，經主管上司簽批報備，工傷假、婚假、產假、喪假
依國家規定的法定假日辦理。

 (5) 出差假

  事先提報申請，經主管上司簽批後，交人事部報備。

  出差費用採實報實消，交通、住宿、餐費等按職位規定執行。

 (6) 員工保管箱管理

  公司設置員工保管箱供員工存放私物用品，並接受樓管管理，私物攜
帶出入，須接受警衛人員檢查。

3. 百貨售貨員上班的一天（以上午 10 點開始營業為例）

 (1) 9 點 30 分：上班

  A.親自在 9 點 45 分前，經由指定入口處打卡上班

  B.遵照公司指定路線進入門市

  C.皮包、手提袋、私人物品，置放於更衣箱

  D.更換制服後不得四處溜達

  E.不得攜帶食品隨處搪塞

F. 進入賣場櫃位，若檢查商品有問題即刻報告

　(2) 9 點 40 分：朝會

　　A.各樓成員迅速集合，接受服裝儀容檢查

　　B.聆聽主管訓示、發布命令

　　C.反應顧客意見

　(3) 9 點 50 分：環境與商品整理、貨源補足

　(4) 10 點：營業開始

　　A.服務方面：服務員就位迎賓、親切禮貌接待顧客

　　B.商品方面：檢視商品陳列、標價、清潔

　　C.管理方面：堅定崗位，早晚上下班、用餐時間遵守秩序、販賣商品標準動作、商品包裝、退貨處理

　(5) 21 點 30 分：加強本日營業時間的最後服務、把握時間

　(6) 22 點：營業結束，不催促顧客、不早退

　(7) 22 點 10 分：下班，離開賣場

　　A.檢視存貨妥善歸位，整理報表

　　B.集合下班，依規定路線到指定出口處，接受檢查再打卡下班

4. 百貨樓管幹部上班的一天

　(1) 開店前 30 分鐘取鑰開門進賣場，檢查賣場清潔、照明、道具、人員到位、儀容儀表，做好開店準備

　(2) 開店前 20 分鐘集合員工做廣播操〈音樂要輕鬆活潑有朝氣〉

　(3) 開店前 15 分鐘開朝會，做朝報及當日工作要點

　(4) 開店前 5 分鐘，最後巡視，督促售貨員做好迎賓準備

　(5) 開店前 2 分鐘，督促售貨員站立指定位置迎賓

　(6) 開店後檢查各專櫃商品情況、檢查倉庫、處理賣場各項突發事項

　(7) 迎接顧客進店後，檢查各櫥窗、VP 裝飾點、吊掛廣告、POP 牌

　(8) 處理各項業務公務

　(9) 樓管幹部輪班就餐〈限半小時〉，同時也監督員工輪班就餐狀況

　(10) 申請 POP 海報，選擇 DM 宣傳商品

　(11) 申請、確認夜間工作

　(12) 督促售貨員做好送客準備

　(13) 開晚會，總結當日工作情況及重點

　(14) 檢查各櫃，做好離場工作

　(15) 檢查各電器開關切電、電燙斗是否放好、煤氣是否關好、是否有漏水

(16) 檢查倉庫、門窗是否關好

(17) 確認保全清場後樓管幹部才可離場

5. 收銀員的一天

- 開店前
  - A. 開店前 30 分鐘，到指定地點集合開朝會，聽收銀主管吩咐及安排
  - B. 開店前 15 分鐘，到財務部領取尾款袋零用金及發票紙卷
  - C. 開店前 5 分鐘，進入賣場到收銀台，檢查收銀機及列表機是否正常放好零用金，檢查 POS 機、信用卡讀卡機是否正常，清帳、換好發票，做好清潔衛生工作
  - D. 開店前 2 分鐘，檢查自己的儀容，準備迎賓

- 開店中〈各樓設收銀台數處〉
  - A. 牢記收銀員服務規範〈各公司規定〉，正確執行收銀、找零是否正確
  - B. 當顧客使用信用卡，刷卡時要檢查信用卡，刷卡後一定要求顧客務必在帳單上簽字，並核對信用卡簽字筆跡
  - C. 節約使用紙袋
  - D. 禁止喧嘩、聊天、閱讀書刊報紙，一經查獲必將嚴懲
  - E. 必須在規定時間內用餐，離機時有人替代交班
  - F. 收銀機發生異常時，立即通報樓管，配合電腦部門搶修

- 關店時
  - A. 耐心等候晚來結帳的顧客
  - B. 核對銷貨憑單與現金及結帳單是否相符
  - C. 收放好未用的銷貨憑單、整理各項文具
  - D. 下班前清點營業額及零用金
  - E. 正確退出收銀機系統
  - F. 正確填寫結帳單
  - G. 封閉尾款袋送回財務部，準備下班

- 備註：
  1. 部分現代百貨商場，類似購物中心方式，在各專櫃設計收銀機系統，由各專櫃自行報帳，公司不再設立收銀台
  2. 大型量販店採一定點統一結帳

6. 服裝儀容規範

員工上班時的服裝儀容要服從公司統一規定，服裝統一型式，儀容表態整

潔，每年 4 月換夏裝，11 月換冬裝，換裝日期由公司統一公布
- 男生服裝儀容規範
    - A.頭髮梳理整齊，不可留長髮、染色彩
    - B.統一穿西服，著白襯衫，務必打領帶，穿黑色皮鞋〈擦亮〉
    - C.正確佩帶名牌〈左胸上方〉
    - D.經常保持制服乾淨燙平
- 女生服裝儀容規範
    - A.頭髮乾淨整潔，禁止燙髮、染髮
    - B.須化淡妝，才能禮貌服務顧客
    - C.統一穿著制服，經常保持乾淨燙平
    - D.不可佩帶怪異項鍊、耳環、手鐲、腳鏈
    - E.正確佩帶名牌〈左胸上方〉
    - F. 穿著規定的制服鞋子，嚴禁高跟鞋，經常保持清潔亮麗
    - G.特殊廠商可報備，讓其員工穿著公司制服，例如化妝品、進口名牌、運動服等專櫃，運動服廠商可穿運動鞋

行政管理

1. 門禁安全管理規定
    (1) 管制對象：
        A.本公司職員。
        B.營業員、收銀員、專櫃人員、清潔人員。
        C.洽公、訪友、廠商送貨人員。
    (2) 共同遵守專案：
        A.放行單：凡公司廠商、專櫃人員攜出商品（除持發票者）憑物品放行單詳列名稱、數量，依許可權核准，並於攜出物品時交警衛室核對無誤後始得放行。
        B. 夜間工作申請單：凡至本公司施工者，須填具申請單，註明施工樓別、人數、起訖時間、工作專案、監工人以示負責，會相關配合單位，並於當日17：00前交警衛室備存。
        C.外出申請單：公司員工（除特別狀況）洽公、看病外出者，經單位主管核准，至警衛室交外出申請單及識別證始得外出，歸來時取回自己的識別證，並確認返回時間。
        D.識別證：員工進出入公司大門、進出各入口時佩帶於左胸上方。

（不准側掛或斜掛）。

E. 下班檢查：員工下班攜物者一律走警衛室，並接受例行性安檢工作。

F. 進出入公司應穿著公司制服，代班者應至警衛室辦理登記手續。

G. 進出入公司應攜帶公司之透明手提袋。

H. 進入賣場時間：營業員主管應於 09：00 進入（督導營業員入場）。專櫃人員、營業員於 09：30 進入。

I. 打烊工作：商品陳列要標名數量、蓋布、檢查倉庫、貴重商品須上鎖。電燙集中保管，電插頭拔除。

J. 專櫃管理：忠守專櫃，禁止聚眾聊天、背向客人，原則確立、安全第一，誠心誠意，有責任心、細緻貼心，就是服務。

K. 失竊確認：查明進銷存帳、交接班無誤，保留現場，向營業主管報備，再行通報警衛室處理。

(3) 員工出入口進出管制：

A. 員工上下班及外出一律走員工專用出入口。

B. 廠商送貨、洽公依規定辦會客證。

C. 廠商開車卸貨，一律由商管科辦公室門外卸貨區進出。

(4) 人事單位配合事項：

A. 加強識別證管制。

B. 督導代打卡、監卡工作。

C. 代班人員管制作業流程。

(5) 清潔人員：

A. 按規定時間於警衛室前集合，由警衛人員及領班帶入賣場。

B. 清潔人員應穿著公司規定制服以便確認管理。

C. 夜間打蠟人員均由警衛負責監督，打蠟完成隨即通知工務科關閉電源。（清潔人員嚴禁開啟任何電源）

(6) 保全人員：

A. 檢查員工識別證、員工透明包、制服及門禁管制。

B. 員工代打卡或打卡後外出，不聽規勸者登記通知人事科處理。

C. 辦理代班換證、臨時識別證、會客登記。

D. 攜帶物品外出填具物品放行單，按流程核示無誤予以放行。

E. 每日依規定時間開啟各樓安全門及員工樓門，依規定每日大樓作息時間表，開閉各門、電扶梯作業。

F. 營業中執行賣場內巡場工作，維護收銀台、公共安全梯、公共區域之安全。

G. 每日打烊執行例行復查安檢工作。

H. 配合值日幹部共同巡查各樓、關閉各安全門及消防安全工作。

I. 公司內申請夜間加班監督工作。

2. 用品採（請）購規定

(1) 使用單位按實際需求，詳填「物品採購單」或「開支申請單」並須經部門主管核簽後交總務科，按一般採購作業程式至各級授權主管核准後，始得辦理採購。

(2) 使用單位申購物品時，必須考慮採購所需之前置時間並註明需要時間，儘量避免造成緊急採購情形。

(3) 臨時重要突發緊急之申購事項，使用單位須先呈授權主管核示或口頭應允後，可先行辦理採購，另補作業流程。

(4) 核購權責：

A. x 元以下者，由部門主管核定。

B. xx 元以下者，由副總經理核定。

C. xxx 元以下者，由執行總經理核定。

D. xxx 以上者，由總經理或其授權代理人核定。

(5) 申購方式：

A. 一般性採購：按一般正常採購作業流程，由請購單位填寫「開支申請單」，經核准後，始得辦理採購。

B. 緊急性採購：

● 具時效性，且須於一周內購得使用者，得以緊急性採購處理。

● 得由授權主管核示或口頭應允，先行辦理採購。

● 採購後三天內補辦採（請）購作業流程（口頭應允者，應在補單上註明應允主管姓名及應允日期）。

C. 計畫性（合約）採購：

● 長期性使用或補充庫存量之物品。

● 總務科清理各專案清單，安全庫存，補購流程。

● 訂購合約標準，至少為市價九折以下。

(6) 採購方式：

A. 公開招標。

B.需求不急，有多家廠商可供選擇。

C.以登報或其他公告方式，徵示合格廠商三家以上公開競標。（緊急招標不受此限）

D.邀請信譽可靠之大廠商參加投標。

E.現場或通信投標（報價）。

(7) 比價：

通知合格廠商（三家以上）報價，公開比價，以最低價供應。

(8) 議價：

獨家之物料，個別通知某一廠商單獨議價，認為價格合理而供應。

(9) 驗收：

A.一般物品：由商管單位依請購要求驗收。

B.專業物品：由請購單位會同總務人員採購驗收。

C.長期計劃性使用物品：由總務單位主管派員驗收，簽字認可。（驗收者應按申購要求的規定、材料、質量、數量等逐項清點，並按實際交貨情況驗收註明後，才可簽字）

3. 收、發郵件管理規定

(1) 公司之所有報刊、公文、往來信函、郵件、電報、匯款等，由總務科統一收、發管理。

(2) 上述之收發件，由總務科值班室收發員接受並分發；收件時由收發員逐一登記並簽字，然後即刻分發受件單位和受件人，受件單位和受件人受件後在收發登記簿上簽字，並註明具體簽收、發日期。

(3) 收發件登記簿由收發員登記填寫、定期整理並歸檔，不得遺漏、遺失，以備統計和查詢。

(4) 公司所有公務函件，由總務科專人寄發。寄發時由寄發人提出申請，快件及特快件專遞須由部門主管審核簽字後，方可寄發。

(5) 所有寄發件均由總務科管理逐一登記，定期整理並歸檔，寄件後保留回執，以備統計查詢。

(6) 在收、發件工作中，如因收發員及其他工作人員循私舞弊、怠忽職守，導致收發件遺失、延誤、誤收、誤發等，必須視其情況予以責任人相關懲罰。

4. 名片管理規定

    (1) 公司為便於員工對外公務協調聯繫，對特定人員統一印製名片。
        公司名片由總務科統一管理。

    (2) 印製對象：
        股級以上人員。
        總務科資財股、企劃部及營業部之管理員等。

    (3) 公司印製之個人名片，限個人對外公務協調聯繫之用，不得濫用。

    (4) 員工不得以本公司名義、標章、私自（自費）印製名片使用，違者將
        視其情況予以懲罰。

    (5) 股級以上及特定的管理員，如需印製名片，按行政系統申報，經審查
        後印製。

    (6) 股級以上人員到職後即可申請，必要管理員級須到職滿一月後方可印
        發。

    (7) 名片格式由公司統一設計、規定及印製。

    (8) 每次申請印製名片，科級以上及外勤單位不得超過兩盒，股級以下人
        員以一盒為限。

    (9) 離（解）職人員，於離（解）職前一個月，不得再申請印製名片，否
        則印製之費用由本人承擔。離（解）職人員未使用之名片，由公司收
        回銷毀。

5. 傳真機、影印機使用規定

    (1) 本公司之傳真機、影印機等辦公設備歸總務科統一管理，並指定有關
        人員負責具體使用操作。
        其他人員未經允許嚴禁操作使用。否則由此造成之損失，當事人除應
        全部賠償外，並處以罰款 xx 元整。

    (2) 本公司員工因公務使用傳真機、電腦、影印機等辦公設備應由相關人
        員填列紀錄表中所列各項細目，私人資料不得使用本公司之辦公設
        備。

    (3) 公司之保密文件，不得複印。

    (4) 員工應注意勤儉節約，並有責任愛護公物。各辦公設備之消耗材料不
        得挪作他用，消耗材料之採購應由總務科人員填列申請單，依採購流
        程作業。

    (5) 辦公設備由於正常使用產生故障，由總務科人員依報修流程報修。

6. 鑰匙管理規定

為使本公司各樓層之鑰匙，保管責任明確，避免遺失、仿造，便於取用以期獲得最妥善管理為目的。

 (1) 保管方式：

　　A.行政部集中保管。

　　B.使用人個別保管。

 (2) 保管範圍：

　　● 門鑰匙。

　　● 桌鑰匙。

　　● 櫃鑰匙。

　　● 庫房鑰匙（不含金庫）。

　　● 電梯鑰匙。

　　● 自動扶梯鑰匙。

 (3) 保管區分：共同使用時設置鑰匙保管箱，專人管控登記。

　　A.行政部保全科；

　　　● 電梯、鐵捲門鑰匙。

　　　● 自動扶梯鑰匙。

　　　● 安全門鑰匙。

　　　● 餐廳門鑰匙。

　　　● 廚房門鑰匙。

　　　● 廁所出入口門鑰匙。

　　B.行政部總務科：

　　　● 理級人員辦公室房間鑰匙。

　　　● 理、科、股、員級辦公桌鑰匙。

　　　● 內勤各部門和倉庫鑰匙。（不含人事、財務檔櫃）

　　　● 走道門鑰匙。

　　　● 自動扶梯鑰匙。

　　　● 貴賓室、招待所各門鑰匙及家具鑰匙。

　　C.行政部工務科：

　　　● 電梯鑰匙。

　　　● 自動扶梯鑰匙。

　　　● 機房門鑰匙。

D. 各樓面營業單位：
- 庫房門鑰匙。
- 辦公桌鑰匙。
- 安全門鑰匙。
- 各營業櫃鑰匙。
- 各樓面保管自動扶梯鑰匙。
- 各樓面保管廁所出入口鑰匙。

(4) 管理規定：

A. 正常狀況：
- 保管：

  行政部集中保管——將每一鑰匙懸掛在鑰匙箱內鈎釘上，封裝好，各鈎釘上方註明鑰匙所有位置，以得取用方便，避免錯誤及延誤時間。

  各樓面營業單位指定專人保管，並將保管人姓名報送行政部備查，保管人要在每一鑰匙上註明，以資識別。
- 使用：

  由各保管人每日按實際需要狀況使用，用後即予歸還原處。

  非保管人員，且未經許可，擅自竊取鑰匙，意圖取開他人之桌、櫃、門者，均以竊盜罪論處。

B. 遺失處理：
- 集中保管之鑰匙，如因他人依正常手續借用而遺失者，由該借用人負責配製賠償。
- 個人保管之鑰匙不慎遺失者，自行配製。

C. 緊急狀況：火災發生時
- 各樓層之門、桌、櫃、庫房門等，由各鑰匙之保管人，自行啟開，以便搶救財務。
- 如鑰匙保管人，因公休、公出可依下列方式處理：

  向管理部取用集中管理之鑰匙，並作登記記錄。

  通知管理部養護科，採取破壞措施，將門、桌、櫃利用工具破壞，以搶救財物。

D. 高層人員查勤時（含晚間）：

  向行政部保全科留值班人員索取。

(5) 數量統計列出表單：

(6) 其他規定事項：
  A.各單位負責保管鑰匙人員，如因調職、離職，異動時，將所負責保管的鑰匙，列入移交。
  B.行政部保全科，每月派員至各樓面清點、核對一次，以瞭解各樓面鑰匙使用狀況，避免損失。

7.印信使用及管理：
  (1) 印信種類及使用範圍：
  A.公司印鑑章：公司向主管政府單位登記之印鑑。
    使用範圍：依法規定或公司重大決策性之對外簽文，需用公司印鑑章。
  B.公司公章：一般性公司大小印章。
    使用範圍：一般性對外行文或內部各類申請、公告及平常簽約使用。
  C.公司專門章：刻有特定用途專用之公司印章。
    使用範圍：勞保專用章、發票專用章、廠商合約專用章。
  D.公司橡皮章：刻有公司全銜之長、橫式印章。
    使用範圍：對外發送簡函、非正式文件。
  E.部門章：各部門單位、經理、主管等使用印章。
    使用範圍：各部門收發文件、內部行文、公告。
  F.騎縫章、校正章：刻有公司全銜及騎縫章或校正章。
    使用範圍：正式文件、合約、契約等。
  G.附日期便章：公司內外行文有必要附帶日期的印章，一般供主管使用。
    使用範圍：公司內外行文、內部簽呈、表單等之批示簽核。
  (2) 公司蓋〈借〉印章之使用程序：
  A.填寫「蓋〈借〉用印申請單」，說明用途及需要時間，依核准權限呈核後送請監印人員用印。
  B.借用印章者，用完後應立即歸還原監印人處，到期未還應及時報告原因，如遺失除立即報告，借用人記過罰款。
  (3) 印信之製發與保管：
  A.公司之印鑑章保管由董事長核定保管部門及監印人。
  B.公司印章、大小章均由總經理核定，由行政部門統一製作交總經

理核定之監印人保管。

C. 公司專用章由總經理核定，由行政部門統一製作交專用部門主管核定的監印人保管。

D. 部門章及附日期便章，由行政部門統一製作，交各部門主管自行核定的監印人保管。

E. 騎縫章、校正章由行政部門統一製作，交行政部門監印人保管。

F. 印信之申請、登記、更換、註銷等均由各監印人向行政部門申請，依公司規定程序辦理。

G. 各部門監印人，每月應稽核一次，如有異動應依印模樣本冊專案移交。

「蓋〈借〉用印申請單」、「簽約廠商用印申請單」、「新〈補〉用印申請單」、「印章註銷申請單」、「印信登記表」、「印章模式造冊」…等，由各公司需要情況加以增減、造表。

(4) 印章管理規定

為規範用章，根據印章刻制、使用的實際情況和有關管理要求，特制訂本規定。

A. 印章的刻制、領取

● 公司印章由總經辦負責刻製，部門的印章，可按實際工作需要，報總經辦經主管核准後由行政部負責辦理。

● 部門印章刻制的規格、質地、字體的樣式按總經辦統一規定處理。

● 部門印章領取時須填寫印章領用單，經部門負責人簽字，並留下印模，註明保管人，簽收後存行政部歸檔備查。

● 印章使用前應以總經辦名義向相關單位分發啟用通知。

B. 印章的保管使用

● 公司印章由總經辦保管，部門印章由部門指定專人保管，未經主管批准，所有印章保管人不得委託他人代管或攜帶印章。
財務部門印章由財務長負責保管。

● 以公司名義簽署的合同、協議書、意見書、報告、行文、備忘錄或各部門以公司名義對外發出聯繫函或各種聯絡文書等，需要蓋有公司印時，均須經辦人員填寫用印申請，由部門經理確認並經總經辦、主管簽字核准後方可使用。

● 印章必須蓋得清晰、端正、嚴防錯蓋、漏蓋、倒蓋。嚴禁在空

白或不完整的介紹信或其他格式檔上蓋印。凡不符合用印規定的，印章保管人有權拒絕用印。

  C.印章的作廢

  具有下列原因之一，印章應停止使用，予以作廢。

- 部門機構撤銷或併入其他機構。
- 部門易名。
- 印章遺失或停止使用，應向相關單位發停用通知。
- 作廢印章應歸還公司行政部，行政部須在印鑑檔案中註明作廢日期，並在監銷人員監督下進行銷毀。

8. 員工公務用車、租車規定

隨著公司業務活動的全面展開，因公務之需用車，租搭乘計程車將隨之增多，本著提高效率，杜絕浪費的原則，特制訂本規定。

(1) 公務用車、租計程車人員範圍

  A.公務用車：因公務之需使用公司自備車人員，在辦理申請手續並經主管批准以後，由車輛管理單位安排調度車輛提供使用。

  B.因公務之需在公司自備車無法安排調度的情形之下，相關人員在辦理申請手續並經相關主管批准以後，可直接搭乘計程車或遇特定情形直接向外租車，事後補辦手續。

  C.公務用車、搭計程車核准許可權

用車租車人員範圍	核准許可權	事後核准許可權
副總經理（含）以上	——	——
經理	副總經理	執行經理
科長　股長	經理	執行經理
業務人員、其他人員	經理	執行經理

(2) 公務租車情形

  A.以下情形應於外出單或出差申請表上註明，經主管核准後方可租車：

  因公務之需租車，單程車資預估超過起步價。

  因不良氣候如大雨、大雪等等造成外出辦公不便。

  因急需趕赴某公務經主管核准。

B. 合乎以下情形之一者，可在事後補辦申請手續：

在外執行公務氣候突然變壞。

在外執行公務因急需回公司或繼續趕赴另一公務。

在外執行公務發現目的地無公交線路或無公交車輛。

在外執行公務攜帶公務之體積重量不便搭乘公交車輛。

在外執行公務確需與客戶一同搭乘計程車輛。

其他特殊情況。

C. 其他事項

本著節約原則，在多人需租用車輛外出時，應儘可能合併租車，車資憑主管之核准證明，由申請人事後向財務部核銷。

9. 車輛管理辦法

為使本公司各類公用車輛之調度、維修、保養、油料、車檢、整潔等能夠有效地充分發揮出來，並且達到合理化的管理目的。

(1) 範圍：

公司內中、小型客車、長期契約租車及其駕駛員（專用車例外）。

(2) 主管單位：

總經理辦公室。

(3) 用車規定：

A. 員工需要用車時，需於前一天填寫（用車申請單）一式三聯，由主管核准後，送總經辦。由總經辦主管統一調度安排。

B. 緊急用車時，需經總經理審核後直接調度。

C. 因公外出用車的核決許可權。

● 當天內往返，由各部門主管或公司主管核准。

● 二天以上（含二天）往返時，需再經總經理核准後派車。

● 因私外出用車一律不准。

(4) 用車控制：

A. 用車人員在使用時填寫預定出發時間及往返時間，駕駛員應據實填寫實際出發與返回時間。

B. 駕駛員應在每次行車時填寫「行車紀錄表」，由主管或上級主管不定期檢查。

(5) 車輛維護、保養、用油申請：

A. 車輛維護、保養、用油（加油）由總經辦主管負責統籌安排。

- 車輛維護、保養、應依正常程序填寫「維修、保養申請單」。經由總經辦主管和行政部主管批准後進廠維護和保養。
- 總經辦主管應製作一份「車輛保養維修表」。提醒駕駛員注意維修日期，並依車輛「維修、保養申請單」流程提出維修申請。
- 當車輛在途中發生故障或與人發生碰撞無法安全行駛時，可先以電話通知總經辦主管，獲其口頭允許後進入維修廠維修與保養，事後補填「車輛維修、保養申請單」，依上述流程申請核准。
- 駕駛員需要請領油資時，應填寫「油資申請單」，填上行駛里程紀錄，經總經辦主管核准後領用。每月末，由總經辦主管填報當月「車輛油資使用表」和下月車輛油資使用額度，呈總經理核准後，轉行政部備查採購。
- 駕駛員於每日出車前，應對車輛使用狀況，如水電、汽油、機油剎車油、剎車狀況、車輛內外整潔等項目，逐一進行自我檢查，並於「出車前車輛檢查表」上打勾簽名以示負責。

B. 長期契約租車除汽油可報支，其他由車主自行處理有關維修、繳稅、違規罰款、事故責任等事項，一年一約，違約得隨時解約。

(6) 車輛維修、保養及其他費用之申請與統計：

A. 總經辦主管應於每月底提出本月份車輛使用狀況與費用統計表，一式三聯，分送管理部和財務部。

B. 車輛維修費用單依核決許可權流程進行。

(7) 駕駛員的考核與獎懲：

公司將從車輛保養、節油、出勤、守法、安全、服務等方面的實績，對駕駛員進行考核，並依本公司獎懲管理辦法之規定，進行獎勵和懲罰。

10. 員工制服發放辦法

(1) 制服的發放：

各科室按課室人數填寫制服申報數量表（如下）：

	S（小）	M（中）	L（大）	XL（加大）	XXL（加加大）
女					
男					

制服申報數量表　　　　　　　申報單位：　　　　　　單位：套

年　　月　　日

A. 制服由總務科統一發放。

B. 各課室按原申請數量型號，並依現有實際人數至總務科領取。

C. 制服一旦確定後，除有質量問題外，不得再調換。

(2) 制服的保管：

A. 收到制服後要妥善保管，如有遺失、破損，則照價重新購置。

B. 員工如離職、退職時，制服應繳還公司。

(3) 上崗必須著裝，且服裝整潔。

孕婦可自行穿著，但要求簡樸，深素色，並經主管許可。

(4) 制服費：

A. 營業員一律收取制服費工本費，離、解職繳回制服後退還。

B. 廠商職員的制服費用，由廠商在貨款中一次性扣除。

C. 制服每兩年更換一次，職員離、解職時制服應繳回，如退回制服有破損者，視情況處理。

11. 員工更衣室管理規定

更衣室為公司暫時供給員工更衣、存放衣物的場所，屬公司的財物。

公司管理部門有權指定專人隨時實施檢查。為保證更衣室、更衣櫃的清潔、安全，特制定本規定。

(1) 員工上下班須在更衣室更換衣服及存放私物。

(2) 更衣室分設男、女員工更衣室。

(3) 更衣室內不得吸煙，亂扔紙屑、雜物，以保持更衣室內清潔。

(4) 除上下班時間和用餐時間外，員工不得私自進入更衣室。

(5) 更衣室內，員工不得有違反公司有關規定的行為。

(6) 更衣櫃內，不得存放食品、飲料、危險物品、沒有發票的公司商品或物品。

(7) 員工物品（除貴重錢物外）應一律放置在更衣櫃內，並妥善保管。

如有遺失，自行負責，公司概不承擔任何責任。

(8) 員工更衣櫃，由營運主管與專櫃（店）長統一發放，鑰匙自配。

(9) 員工離職時應及時與樓管交接更衣櫃。

(10) 公司管理部門將對更衣室、更衣櫃實行不定期檢查。

(11) 違反以上規定處罰如下：

第一次違反規定，罰款 xx 元

第二次違反規定，罰款 xx 元

(12) 更衣室開放時間：上午09：00-09：30

中午 11：30-13：00

下午 14：20-15：30　17：30-18：30

晚間 22：00-22：30

12. 員工用餐管理規定

凡本公司職工在食堂用餐均適用本辦法，給全體員工提供一個衛生清潔、有序的用餐環境，以利於維護全體員工的身心健康。

本辦法適用於所有在員工餐廳用餐員工、廠商派駐人員，以及工作關係臨時在員工餐廳用餐的外來人員。

(1) 供餐：

本公司原則上只供應午餐和晚餐，但晚上如須加班等情況超過 23 小時且人員較多，本公司增加供應宵夜。

凡用餐人員，憑公司所發的當月餐卡，在規定時間內到員工餐廳進餐用餐打卡。公司在每月初及員工新到時安排班表，發放當月餐卡。

如餐卡遺失，公司不予補發，須由本人申購。

每餐提供多樣菜色，依不同價位由員工自行點餐，每餐平均 xx 元，月底不足自行貼補。

(2) 用餐時間：

公司所有內勤人員，應在規定時間內統一用餐；營業部人員應根據工作需要，分批輪流排班用餐。

中餐：11：00~13：00（前勤人員 11：00~12：30，非前勤人員 12：30~13：00）

晚餐：17：00~18：30（前勤人員 17：00~18：30，非前勤人員 18：00~18：30）

(3) 食堂紀律：

A. 員工餐廳在規定時間內開放，規定時間外一律不予供應餐食。非用餐時間，無關人員不得隨意進入餐廳。如因特殊原因須提前或延後用餐，必須經相關主管同意，方予供應。

B. 員工取餐時，應依次排隊等候，不得喧嘩、打鬧，與餐務人員無理糾纏，影響餐廳的秩序。菜渣、骨頭須放在餐盤內，不得丟在桌面或地上，所有人員必須在餐廳內用餐，不准帶飯菜出餐廳。

C. 用餐完畢，須將所有的殘渣、吃剩的飯菜、湯及果皮等全部放入餐盤內，再倒入指定廚餘回收地點，餐具不准帶出餐廳。

D. 用餐後離開前，餐桌必須收拾乾淨，將椅子放回餐桌下面，要輕放，不得有碰撞聲。

E. 嚴禁用茶水桶的熱水洗個人的筷子、湯匙等，必須在洗手槽處清洗，清洗完畢關緊水龍頭，並不得讓殘渣流入水槽，以免堵塞下水道。

F. 收銀員用餐可不排隊等候，隨到隨用。

G. 餐廳內嚴禁吸煙、聊天、隨地吐痰、丟棄垃圾及果皮等，以維護環境的整潔和衛生。

H. 凡公司員工有違反以上規定者，將予以警告，記過罰款，甚至除名。

(4) 食堂管理：

A. 每天檢查食堂供應的飯菜質量是否與上週審核的菜單相符。

B. 食堂衛生及用餐次序的管理，確實督導承包商對食堂衛生之維護與清潔工作。

C. 負責人員應確實依據食堂承包合同之規定，督導承包商按合同規定辦事，依法維護企業利益。

如提供員工可在商場美食街用餐，則發行餐卡由員工自行點餐，每餐平均xx元，月底不足自行貼補，美食街攤位提供員工優惠餐。

13. 廢舊物品出售管理規定

(1) 公司廢舊物品之清理、存放、出售，由總務科統一管理；出售廢舊物品之所得做為公司員工福利基金。

(2) 廢舊物品係指廢舊包裝紙板、纖維袋、玻璃瓶等公司所廢棄，但有一定市場價值的所有物資。

(3) 公司廢舊物品，每天由清潔工清理後，分類放於指定位置，由總務科專人定時安排售出，購買者須向警衛室出示總務科開具的放行單之後，方得搬運出公司大樓。

(4) 出售廢舊物品，採用分量出售與正常年承包相結合的辦法，在開業初的三個月，按分量出售，計出每月平均所得，作為承包標的。
開業三個月後，向社會公開招標，與得標人簽定承包合同。

(5) 分量出售時，每次必須由總務、商管、會計人員在場，稱足斤兩，核實數額，其價格个得低於平均市價。售出後應開立收據，上繳財務部。

(6) 簽定承包合同之期限為 3 個月至一年，承包人應繳納一定數額的保證金，並嚴格履行合同要求；總務科應定時檢查合同履行情況。

(7) 公司廢舊物品進、出流程中，如遇特殊情況，應作特殊處理。

14.消防安全管理規定

為確保公司人員及財產之安全，防止意外、火災事件發生，以達人安、物安為目的。

(1) 火災形成：
- 人為疏忽
- 人為破壞
- 機械故障

(2) 形成原因及管制措施：

A.人為疏失方面
- 各樓面嚴禁擅自裝置電源插座。
- 各樓面電燙鬥使用完畢後，即應切斷電源，打烊前送回樓面辦公室集中保管，次日營業前再行取用。
- 各樓面嚴禁擅自使用營業以外的電器用品，避免電力負荷過重。
- 各樓面之電源總開關，除工務科人員安裝（保險絲）維護外，其他人員嚴禁擅自動用。
- 顧客亂丟煙蒂，公司同仁發現時，應立即勸導並予熄滅。

B.人為破壞方面：
- 離職員工對公司表現不滿時，施以縱火洩憤。
- 精神失常病患縱火。

- 凡屬本公司員工，如發現各樓面有可疑爆裂物或不明物體棄置於明暗、轉角處，須立即向警衛人員報告，並維持現場，切忌移動位置。

C. 機械故障方面：
- 抽排風機使用時間過久。
- 蓄水池、抽水馬達使用年限過久，疏於保養。
- 廚房排煙機油垢堆積影響正常運轉，炒菜時火苗容易上升，引起燃燒。
- 天花板內線路老鼠咬損，觸及其他電源管線引起燃燒。

D. 各項設備制定：
- 定期檢修表。
- 使用時間限制表。

(3) 處理要領：

A. 火災或爆裂物查證及預警處理（避免不必要的驚慌）。
- 查證：為避免謊報造成不良影響，在任何火災確認前，應由樓層主管查證屬實後，才能進行廣播、疏導等動作。
- 廣播預警：公司設定各突發狀況代碼，在事件確實後，先以代碼告知公司員工，各人員至定位後再疏導顧客離開現場。

B. 各樓面公司員工第一目擊者，應就近取滅火器速予撲滅。

C. 如火災無法控制時，立即撥 119 電話報警。

D. 本公司員工應採取下列處理辦法：
- 切斷各樓面電源總開關。
- 各樓面按編組人員職掌表迅速採取行動。
- 各樓面引導顧客疏散。
- 警衛人員迅速檢查各安全梯門是否已開啟。
- 營業人員搶救重要財產物品迅速離開火場至公司門口集合。
- 財務、收銀人員速帶現金袋離開火場至公司門口集合。
- 交通疏導人員對大樓周圍重要路口，實施交通管制，禁止車輛、人員進入救火區，並引導消防救火人員進入現場。
- 警衛人員至一樓管制，非本公司員工嚴禁入內，以防搶劫事件發生。
- 全體人員至公司廣場上集合，清點各單位人數，受傷人員儘速送往醫院急救。

E. 善後處理：
- 清理火場及清查人員。
- 清理財務損失情形，並統計、呈報總經理及董事會。
- 通知保險公司鑒定災情，並洽詢理賠事宜。

15. 防止物品失竊管理規定

為使本公司各樓面展售（示）之商品，能做到最清潔、最舒適之購物環境，提供顧客最佳信譽之品質，最親切之服務接待，最嚴密之安全措施，以防止貨物流失為目的。

(1) 管制對象：
- 本公司行政人員、管理人員
- 本公司營業員、管理人員
- 洽公、訪客、廠商送貨人員
- 至公司購物之顧客

(2) 管制範圍
- 門禁管制
- 賣場管制
- 員工上、下班管制

(3) 管制方式：
- 劃分責任區制度
- 加強員工教育
- 建立獎罰制度

(4) 管制辦法：

A. 本公司後勤職員：
- 女性職員只限隨帶私人之手提包（袋）壹個，男性職員儘可能免帶手提箱、手提袋等進入各辦公室及各樓面。
- 至公司購物，須索取並備妥統一發票，下班時自動出示請警衛人員查看，以示清白。
- 因公外出應填寫「外出登記單」呈理級主管批核。

B. 營業員、收銀員、專櫃人員
- 打卡後依序進入各工作樓面，嚴禁打卡後外出購物、逛街、會友及處理其他私人事務。
- 私人之皮包、袋，須依樓面主管指定位置放置。

- 檢查賣場昨日下班時所作暗號，物（貨）品之位置，數量有無異狀或短缺，若發現失竊，立即向樓面主管報告，逐級反應，並保持現場之完整，以便派專家鑑定或採集指紋等取證工作。
- 在營業時間內，除入廁、用餐外，不隨意離開工作崗位，或與顧客聊天、打電話。
- 同一責任區內人員，分批至餐廳用餐，以兩兩制（兩人用餐，兩人營業）、一兩制（一人用餐，兩人營業）輪流方式實施。
- 每日下班前清點開放式（架）之貨品數量、位置，並作暗號，櫥窗內之貨物（品）檢查後上鎖。

C. 日間保安人員：

- 按規定時間到（接）班。
- 遵照本公司頒發之《門禁安全管制辦法》嚴格執行。
- 執行任務時應注意下列事項。

正大門、側大門——儀態端莊，雄壯威武，於大（側）門外兩側（不得進入大門內），注視出入公司顧客行蹤是否詭密、可疑及所隨進隨出物品有無異狀。

各樓面巡查－－每日以遊動方式，隨時留察顧客之舉止及確保收銀台安全，以防搶劫事件發生。

員工專用進出口：

a. 每日上班時間：（6：30－9：45）

瞭解進入本公司人員身分（本公司高價人員、職員、工友、廠商、送貨人員），若係本公司員工未佩帶證件者，勸導其將識別證佩帶於左胸前上方，以資識別。

監督員工打卡，若發現有代他人打卡者，登記其單位、姓名，通知人事科處理。

員工打卡後，若發現其外出處理私人事務，即與勸導，不聽從勸導者，登記其單位、姓名，通知人事科處理。

b. 每日營業時間：（9：00－21：30）

瞭解進入本公司人身分，如係洽公、送貨、廠商推銷產品人員、訪客等均照門禁安全管制辦法處理。

勸導廠商送貨人員，嚴格遵守本公司送貨規定，送貨時使用專用貨梯，不得使用客梯。

c. 每日打烊時間（21：30－22：00）

　　主動向各樓面主管報到，共同檢查全樓面安全工作。

　　辦公室側門警衛人員於每日打烊時，於出入口處嚴格執行檢視男性員工攜帶之手提箱（袋）、女性營業人員的手提包袋，如發現異狀，可主動要求其取出察看。

D. 夜間保全人員：

- 按規定時間到（接）班。

- 執行任務時應注意下列事項：

a. 自接班時起，在一小時內對該負責之樓面作全盤性之檢查，以確保全樓面之整體安全。

b. 對樓面陳列之物品，用檢視方式，避免歹徒或非法定人員接觸，以防失竊。夜間保全人員不許觸摸任何物品，移動位置（不含消防器材、垃圾箱）。

c. 發現該樓面有潛入之歹徒行竊，先採取自衛手段，立即設法通知上下樓層、保全隊長處理；如情況迫切時，以大聲呼救方式，期使上、下樓層警衛人員共同協助支援，制伏歹徒。

d. 執行任務期間，准予游動方式巡邏全樓面，並可坐於適當位置，以便監視全樓面動態，但不准以坐姿、靠姿、臥姿睡覺，如被查勤發現，依相關規定嚴懲不貸。如係監守自盜者將依法處理。

e. 上、下樓層夜間保全人員，不得相聚於同一樓面閒談。

f. 發現緊急情況，立即以先處理後報備的方式處理。

E. 夜間施工人員：

- 凡於夜間樓面施工人員，應於當日營業時間內提出施工樓層、人數、起訖時間、工作專案、監工人姓名等書面申請單送保全股備查。

- 監工人員若因疏失、睡眠、離開現場，因而產生空檔時間，導致工人發生偷竊行為，該監工人員以曠職論處，並應負賠償責任。

- 夜間保全人員對該樓面之施工人員，負有監督其行為責任。

F. 清潔人員：

- 按規定時間，到達指定工作之樓層。

- 除負責處理該樓面清潔工作外，不得觸摸、移動任何展售陳列

之物品（不含垃圾箱）。

- 夜間保全人員對該樓面之清潔工作人員，負有監督其行為責任。

(5) 賣場管制：

A. 樓面主管應注意事項：

- 隨時掌握樓面營業員、收銀員、服務員對顧客服務之態度，以及其個人心理因素狀態。
- 對外籍人士來公司購物，若語言障礙無法表達時，應及時趨前解說，或請具有語言專長之營業人員代去傳譯。
- 每日晨會中宣達規定事項，應事先擬妥腹案，逐條宣達，並要求監督所屬貫徹執行。
- 每日（週）排定用餐人員順序，以防空檔使歹徒有可乘之機。

B. 營業員、收銀員、專櫃人員應注意下列事項：

- 隨時留意顧客動態以及其小動作。
- 顧客選購物品時，應陪在右後約二步距離，並隨時接受其詢問。
- 從櫃檯（貨架）取出小件物品讓顧客挑選時，應熟記已取出之數量，以防失竊。
- 瞭解貨（品）物放置位置，不得待顧客詢問或指名需要時，臨時慌張東翻西找。
- 收銀時應注意下列事項：
  a. 接受顧客貨款時，應當面點清，並說您付給我××元，本貨品價值××元，找您××元，請您點一下，謝謝您。
  b. 折疊的紙鈔應打開，大鈔放下面，硬幣放上面，用雙手連同發票一併奉還給顧客。
  c. 注意是否有假鈔。
- 防範失竊方法：
  a. 顧客進入賣場時，營業員即致上「歡迎光臨」詞語，使竊賊以為你已對他注意，產生畏怯心理。
  b. 營業員可在責任區內經常走動，不得聊天、做手工藝。
  c. 營業員離開工作崗位時，須委請鄰櫃人員代為看顧，如用餐（按用餐排定表規定時間、順序）、入廁，此時易產生空擋時間，同一責任區內人員更應提高警覺，並應站在賣場前代

為看顧。

d. 如發現顧客有行竊意圖時，營業員可先向其打招呼，例如：「您好，請問需要什麼嗎」？使其知難而退。

f. 顧客攜入更衣室之商品數量（尺寸），攜出時應予核對是否相符，並暗中檢視。

g. 對體積小、單價高之商品，應設置專櫃，並於打烊後上鎖。

h. 每日打烊後，須依規定於陳列之貨（物）品蓋上覆蓋物，由各樓面主管負責最後檢查，若未依規定執行，而招致商品遺失（竊），則由夜間保全隊通知管理部，次日追查究辦。

i. 凡遇偷竊時，一律通知營業部、管理部及相關人員趕至現場處理。

● 責任區之劃分：

各樓面主管，依樓面貨品陳列狀況、櫃檯距離、貨品性質等，作該樓面責任區規劃之首要考慮因素，每一責任區以三～四個櫃檯為一編組單位。

如某一營業員用餐（排用餐順序表）、入廁，該責任區內鄰台人員即代為照顧，並處理顧客購物事宜（事後將出售貨品名稱、價格及所售款項交原營業員），尤以用餐時間較長，必須照此項規定辦理，以發揮守望相助精神，避免失竊事件發生。

● 加強員工教育：

a. 定期主辦安全會報：

各樓面科級主管，每週主持安全會報一次，就該樓面安全問題，鼓勵營業員、收銀員、專櫃人員提出革新意見，藉以溝通觀念，建立共識，統一做法。

b. 利用每日晨會宣達有關安全事項。

c. 晨會中宣導並要求營業員熟記下列事項：

(a) 貨物失竊——人人有責。

(b) 公司財務——損失不得。

(c) 主動負責——永不失竊。

● 建立獎懲制度：

a. 獎勵：訂定獎勵辦法。

b. 懲處：訂定懲處辦法。

c. 夜間保全人員：

在值勤期間偷竊者，除負責賠償外，並移交法辦。

● 其他：

  a. 各樓面管理人員應勤加督導，但其處理以勸導、糾正為原則，避免以責罵方式令其改正。

  b. 打烊後打卡離開之公司人員，不得以任何理由再返回商場。

16. 總務倉庫管理規定

(1) 公司總務倉庫，由總務科統一管理。

(2) 總務倉庫主要保管以下物品：
公司辦公用品、工務修繕材料、美工陳列物品、安全警衛用品、清洗設備用品、員工勞保用品、印刷品、包裝用品等。

(3) 總務科派專人負責庫存物品之保管整理，登記及編造商品進出倉庫量卡、簿、報表等，以及倉庫的安全警衛事宜。

(4) 商品入庫後，必須由採購員持經上級主管批示的採購單及購買商品的原始憑證，會同倉庫管理員驗收，核實無誤後，予以登記入庫。

(5) 倉庫管理員發現以下情況時，不予驗收，並報告上級主管處理：
A. 超過交貨期限過久。
B. 到貨商品與原樣品不符。
C. 到貨商品數量與採購單所列數量差距過大。
D. 到貨商品發生重大破損、變質及其他瑕疵者。

(6) 商品驗收入庫後，倉庫單位應依其種類、性質、體積、重量及流動性分別排列井然，依次放置，以利發貨、盤點。

(7) 凡易燃、易損、易變質之物品，應與其他物品隔離，謹慎保管。倉庫內嚴禁攜入任何易燃、易爆之危險品，並禁止吸煙。

(8) 庫房管理員應隨時保持庫房內清潔、乾燥、通風、降溫，並做好警衛安全工作，以免商品毀損失竊。

(9) 發貨時，應由申領人持主管簽字的領用單，經倉庫管理員核實無誤後，予以發放。

(10) 發放工具用品，回收時應仔細檢查工具器械有無損壞、變形，如有應詳細記錄，並報告上級處理。

(11) 倉庫管理員應隨時對庫存物品進行清查、對帳、保持進出平衡，不致積壓與短缺。對積壓過久、不宜長期存放之物品，及時報告上級處理。

(12) 倉庫管理員必須定期對庫存物品盤點，對盤點結果做詳細紀錄。如發現庫存物品短缺、毀損、失竊等情況，立即報告上級主管，追查原因，釐清責任，作出相應的處理。

(13) 如倉庫管理員因循私舞弊、怠忽職守，導致庫存物品的缺少、破損、失竊等，得根據情況，予以警告、記過、罰款、調職甚至除名等懲罰，並責成其賠償損失。

17. 日間清潔人員工作規定

(1) 清潔人員須依規定時間於 08：00 進入大樓警衛室前集合打卡，並穿著制服、佩帶識別證，始進入賣場執行清潔工作。

(2) 各清潔人員執行工作時均應穿著制服，服裝力求乾淨整齊統一。

(3) 清潔人員之識別證必須佩帶於左胸上部，不可斜帶或歪帶。

(4) 清潔人員進出大樓時均須主動接受警衛人員檢查，由員工出入口進出。

(5) 營業時間內，清潔工具一定要照規定地點放置，不可隨意放置。

(6) 清潔人員於 08：50 時分散於各樓面，在指定地點待命，嚴禁於樓面逗留。

(7) 清潔人員不得離開工作崗位，如有必須外出者，應經總務科核後方能外出（填具外出申請單，依規定辦理）。

(8) 商場內絕對禁止吸煙。

(9) 嚴禁在商場會客接待親友。

(10) 禁止於商場內賭博、酗酒等行為。

(11) 禁止在商場內聊天、喧嘩、打瞌睡、吃零食、閱覽書報。

(12) 吃飯時間應分批用膳，不可同時全體一起用膳，且不可外出吃飯。

(13) 發現遺失物品，應立即送交服務台保管招領，或交由領班轉總務科處理。

(14) 如發現清潔人員有竊盜行為，除賠償外並送警究辦，並依合約規定辦理。

(15) 上下樓一定要從安全梯、員工梯、貨梯通行，不可搭乘電扶梯或客梯（除工作需要）。

(16) 清潔人員上班時間不可在商場購買物品，應於休息時間或下班之後才可，且不可穿著清潔員制服。

(17) 清潔人員下班之後應離開商場，不可在商場滯留，如欲購物須換私人衣服後始得至樓面購買。

(18) 下班出場，打完卡後，將所攜帶之物品通過檢查站，由警衛人員檢查放行後始可離去。

(19) 如由於工作需要而用到電源應知會總務科或公務科，不可私自開關以免發生危險。

(20) 開店前之清潔工作應照規定時間運用，不可隨意更改，如有需要更改，須經總務科同意後始得辦理。

18. 商場維護保養管理規定

為了保證商場的正常運作，為顧客提供舒適的購物環境，特制訂此辦法。

(1) 工務科當班人員按規定在每天營業前至各樓面作例行檢查，仔細察看各類照明、地坪、廁所管道、空調設施等運行情況，發現問題及時排除。

(2) 工務人員接到修繕單或報修電話，當班人員應立即趕赴現場進行維修。
完工後，在修繕單上將所耗用材料作如實紀錄，並交報修者簽字認可，若是公共設備，則由該樓面主管簽字認可。

(3) 若報修的工作量較大，維修所需時間又較長，原則上以不影響營業為準，可適當安排在晚間歇業時進行。

(4) 廠商若要對櫃位進行改造變動，須經商場副總經理同意方可作業。原則上是在外面製作後，運進商場安裝，若一定要現場製作，得由廠商向樓面主管提出申請，經該部經理同意後，才可實施作業。
以上嚴禁在營業時間內作業。

(5) 廠商對櫃位的改造變動作業時間超過 12 小時者，必須將該櫃位原用夾板全部封閉，外表美化並預告開業日期，且在營業時間內進行。嚴禁有強烈氣味、高雜訊工種的作業，違者將懲處罰款。

(6) 歇業後有工務作業必須由該樓面主管填寫「夜間施工申請單」，經部門主管核准後，交行政部備查。

(7) 夜間施工時，各樓面應安排管理員現場監督，與工人、保全人員一起做好商場的安全保衛工作。

(8) 工務科必須在每月將維修費用按廠商、公司分列清單，以便於結算。

(9) 工務科必須在月底列出常用備品備件請購單，以便於申購流程進行。

特殊情況須緊急採購除外。

19.警衛勤務管理規定

為使警衛人員執行任務時有章可循，除依據相關人員、車輛、物品進入公司管理規定執行外，悉按本辦法辦理。

(1) 一般守則：

A.熟悉本公司之組織、環境、規章制度及認識各級主管和其簽名印章。

B.值勤時應儀容整潔、精神煥發、態度莊嚴。

C.執行任務時應公正廉潔，不得有循私舞弊行為。

D.盡忠職守，嚴守崗位，不得有怠忽職守或偷閒怠工的行為。

E.服從上級主管指揮，確實遵循上級主管交待事項，不得有「陽奉陰違」或推諉偷懶的行為。

F. 遵守公司各項規章制度，不得有違反勞動紀律的行為。

G.親切有禮，辦事積極認真，不得有散漫拖拉或侮辱他人的行為。

(2) 警衛人員的任務：

A.貫徹執行人員、車輛、物品出入公司管理的有關規定。

B.維護公司內及公司門口周邊地域的秩序。

C.協助人事部維護員工上下班之刷卡秩序，取締代他人刷卡等違紀行為。

D.防範竊盜、火災及其他意外事件的發生。

E.按時提交有關守衛業務的各項報告。

F. 指揮員工及客人車輛按指定車位排放整齊。

G.信件、報刊的收發管理。

H.檢查公司員工的手提包和購物票據，維護企業資產。

I. 有關上級命令及臨時交辦事項的執行。

(3) 值勤規定：

A.守衛勤務以輪班值勤為原則，嚴禁私自互相更改或調動值勤時間，如有特殊事故須調換班時，須經管理部門主管同意後，方可更改調動。

B.在交接班時，如有特殊情況須交待清楚，促使接班人員注意。

C.每天須按時接班（上班提前 10 分鐘，下班延後 10 分鐘辦理交接）並做交接紀錄；雖接班時間已過，但接班人員未到時，原值

勤人員仍不得離開崗位。

D. 值勤時間內，嚴禁飲酒、閱讀書報、雜誌或睡覺，且禁止閒人進入守衛室內逗留閒談。

E. 值勤時間內，不得任意離開崗位，如有公務須暫離開工作崗位，應報告直屬主管派人代理，嚴禁私自委託非守衛人員替代。

F. 收到公司信件、物品及報刊，應即轉送總務科處理。

(4) 各崗位警衛值勤工作細則：

A. 正大門立崗警衛（邊門警衛）：

- 在立崗時應著裝乾淨整齊，保持立正姿勢，兩腳分開成60度角，戴白手套，兩手直立，中指貼褲縫線，目視正前方，不與人交談，保持嚴肅。
- 看到公司主要主管進出公司，應立正敬禮，以示敬意。
- 疏導顧客，維護秩序。

B. 內門警衛：

- 上下班期間，認真督察員工上下班刷卡情況，若有違反本公司考勤規定，將其姓名編號記錄後交相關部門處理。
- 對員工上班遲到、早退者作好紀錄。
- 督導員工上班期間不得將個人之包袋帶入商場。
- 檢查與核對員工購物票據與所攜物品是否相符合。
- 維護員工更衣區域的安全和衛生。

C. 巡邏警衛：

- 負責各樓層的巡查工作
  按照要求認真填寫「安全保衛巡邏紀錄表」。
- 對商品陳列區域要做好控管，嚴禁火種，勸阻顧客吸煙，對可疑人員給予禮貌暗示，以確保商場安全。
- 嚴守公司保全工作重點事項，嚴禁下班的員工遊蕩，發現可疑人員，上前盤問，真正做好「防火、防盜」，以確保公司安全。

D. 夜間值班長：

負責各警衛點工作，加強督促各警衛人員對值勤工作細則的貫徹執行，確保公司安全，若有特別情況，及時彙報警衛組長或保全科。

E. 警衛組長：
- 全面負責警衛組工作。
- 根據工作需要對下屬警衛人員崗位可適當調動。
- 正確做好警衛組考勤紀錄，不得弄虛作假。
- 將文件、信件、報紙分門別類，正確無誤地送相關部門處理。
- 掌握每日值班工作情況，若發現問題及時反饋給保全科。
- 為嚴肅公司紀律，應及時果斷處理違紀現象。
- 夜間必須定時巡邏公司各區域，以確保公司安全及防範意外事件之發生。

(5) 罰則：不遵守規定或執行不力者，給予行政處分直至開除。

20. 出差管理規定

為明確規範公司員工出差作業有所遵行，因公出差國內、外及公出均依本規定辦理。

(1) 國內出差：至國內外地洽辦公務、開會、受訓。

(2) 國外出差：奉派出國洽辦公務、開會、受訓。

(3) 費用申請：採實報實銷制

A. 國內出差：
- 出差前應填寫一式兩聯「出差申請單」，依下列核決權限規定呈報核准後出差，第一聯由出差人收執，於核銷時另附上「出差報告、費用申報單、憑證」以便結算。
- 出差人可填寫預支現金單，呈報核准後向財務部預支現金，核銷時立即結算清楚。
- 出差申請核決權限：
   a. 經理以下人員由總經理核准。
   b. 總經理由董事長核准。

B. 當地因公外出：
- 一般員工：填寫「公務外出單」經主管核准始可外出。
- 一般幹部：填寫「公務外出單」經該部經理核准始可外出。
- 外出者可填寫「派車單」申請派車，儘量共乘順道，原則上自備交通工具，如需乘車限搭公車，如必要搭計程車時要事先向主管報備，搭車憑證可實報實銷。
- 每餐限 xx 元，不含早餐。

C.國外出差：以專案處理〈包括外籍特殊假〉。

　(4) 出差旅費標準：

　　A.總經理、董事長：實報實銷。

　　B.經理級以下：

　　　交通費：經理級可申報搭飛機〈限經濟艙〉，由公司事先訂票，
　　　　　　　其他交通工具實報實銷。

　　　住宿費：經理級 xxxx元，其他 xxxx 元〈合住〉。
　　　　　　　住宿飯店以公司特約廠商為優先。

　　　餐飲費：經理級每日 xxx 元，其他每日 xxx 元。
　　　　　　　如需餐宴請客，需事先向總經理報准或者自付。

21. 員工宿舍管理規定

　　為做好員工宿舍的管理、保障員工健康和公司的利益，特制訂本規定。

　(1) 凡居住在公司所屬或所租的宿舍內的員工，均應遵守本辦法。

　(2) 依照總務科的安排，分配的房間、床位不得私自調換、轉讓、轉借。
　　　若違反本辦法，得取消其住宿資格，乃至更嚴重的懲罰。

　(3) 居住在宿舍的員工，調動工作或其他原因離開本公司時，應將住房或
　　　床位、鑰匙及公司物資清點交還總務科。移交手續應辦妥清楚，否則
　　　人事、保全、財務等單位概不辦理薪資結算和辭職手續。

　(4) 入住員工未經公司主管部門同意，不得擅自在宿舍內私接電線、開
　　　關、插座。
　　　凡屬公司財產自然老化、破舊或非人為因素而需要維修、改建，必須
　　　以書面形式提報總務科，轉呈行政部和總經理審查批准後，方能動
　　　工，否則以故意損壞論處。

　(5) 嚴禁在宿舍內存放有毒和易燃、易爆等危險物品。

　(6) 講求禮貌，各種私人用品、被褥等床上用品要擺放整齊，不胡亂放
　　　置。
　　　保持宿舍的整潔衛生，不隨地吐痰，不亂丟果皮、紙屑、煙頭等，垃
　　　圾、雜物要倒在垃圾桶內。宿舍區內的走廊、通道及公共場所，禁止
　　　堆放個人雜物，如有違反一次罰款 xxx 元。
　　　嚴禁在宿舍內進行聚賭、嫖娼、酗酒、鬧事等非法活動。
　　　保持宿舍的安靜，不得大聲喧嘩，電視、音響應控制在不影響鄰居的
　　　音量範圍內。

(7) 晚上熄燈時間 22：30（加班除外）。

住宿人員晚上不得超過 22：00 返回住宿地，有事外出不能按時回宿舍，必須向管理舍監報告，批准後方可晚歸。如不按規定辦理，將被取消住宿資格。

宿舍嚴禁擅自留宿外來人員，凡員工的親友臨時留宿者，要經公司總務科辦理住宿手續，才能留宿。

(8) 所有入住員工必須節約用水、用電。離房時要養成隨手關門、窗、水龍頭、電器開關、煤氣開關等習慣，以確保安全。

(9) 入住員工必須注重公共衛生，重視個人衛生，宿舍內不得丟果皮、紙屑等雜物，垃圾、污水等要妥善處理，隨時保持招待所內外環境衛生。

(10) 宿舍內的公司財產，如床、櫥、櫃、桌、凳、電視機、飲水機、洗衣機、電話機、淋浴器，均應細心愛護，不得人為損壞，如有人為損壞或缺少，則由個人照價賠償。

(11) 要節約用水，在指定地點晾曬衣物；使用洗手間後要立刻沖洗，不許亂扔煙頭及衛生用品。

(12) 所有宿舍用物品均應由總務科登記造冊，且由領用人簽名認可。

(13) 節約用電，最後離開宿舍時要關燈。如不隨手關燈一次罰款 xx 元。

(14) 管理人員（行政經理及各部門經理）每個月隨機檢查一次，違反者按以上規定罰款，直至除名。

22. 非營業時間進入賣場施工及留駐人員管理規定

  (1) 執行要點：

    A. 管制對象：非營業時間進入賣場施工、專櫃、其他人員。

    B. 管制時間：開店前、打烊後各 30 分鐘以外，所有進場的時間。

    C. 施工人員要提前或延後進場，申請單位須提前一天報請。

    D. 申請施工單位應於施工前一日，要求廠商填表提報，經課級以上主管簽字再照會養護、保全單位知會：

      ● 施工申請單。

      ● 安全〈動火〉許可證。

      ● 施工人員名冊。

      ● 具結保證書。

      ● 專櫃人員提前或延後留駐者，須填表提報經課級以上主管簽

字，再照會保全單位確認。

E. 特別規定：

- 施工單位人員必須集體帶隊進場，嚴禁單獨行動。
- 指定工作地點外，嚴禁越區活動，中途不得隨意進出。
- 凡未申請「安全〈動火〉許可證」之廠商，嚴禁施工人員使用電力、火器。
- 凡申請施工之區域或專櫃，如發生竊盜、設施損壞等情形，承包廠商除負賠償之責外，並究訴刑責。
- 現場監督人員必備滅火器以保安全。

23. 保全培訓項目：

(1) 安全基礎知識。
(2) 行為準則。
(3) 設備操作。
(4) 報警程式。
(5) 紀錄要求。
(6) 物品出入。
(7) 臨時用電。
(8) 明火管理。
(9) 施工管理。
(10) 保全框架。
(11) 設備測試保養。
(12) 周邊管理。
(13) 停車場管理。
(14) 門禁管理。
(15) 巡樓要求。
(16) 倉庫管理。
(17) 進退場管理。
(18) 夜間管理。
(19) 停電應變處理。
(20) 防災防震訓練：火災、地震、溢水、困梯、颱風、瓦斯外洩。
(21) 鬥毆處理。
(22) 設施損壞處理。

第6章　大商場——行銷篇

01
行銷是什麼

　　行銷是場市場戰爭，英文叫 Marketing。在零售業的領域裡，行銷就是「做生意」，行銷是「發覺市場！開拓市場！創造業績！」

　　簡單的說，在常規的銷售方式外，配合以各種方式來達成業績目標的作法即稱之為行銷，它能引發既有及潛在的顧客與我們互動，將顧客變成忠誠的老顧客，將潛在的消費市場加以開發，讓消費者願意持續向你購物，然後拓展市場。

　　大商場從開始籌備到營運，都需要行銷販促的配合，它是零售業販賣的催化劑。一般業者對行銷的觀念是寫幾張 POP、登登報紙、做做傳單，這只是狹義的推廣。而且在生意不好時才想到做做廣告、搞活動、打打折，這些都是不對的。

　　傳統的行銷是根據「商品、價格、通路、推廣」等 4P 行銷組合，但那是賣方立場而非買方立場。行銷的推廣還必須加上「販賣 Sale＋廣告 Advertisement＋活動 Event＋展現 Presentation」及顧客服務、市場拓展企劃等，才能兼顧買賣，做好做大、服務顧客。這是廣義的推廣，需要有計畫性、長期性、持續性的工作，絕不能以曇花一現的心態來運作。

　　＊行銷的學問也許一天就能理解，但是要花一輩子才能專精。

一、行銷與販促、銷售的關係

1. 行銷是什麼？

   行銷英文謂之 Marketing，在零售業方面，行銷是找出顧客的需求，分析企業擁有的資源，找出商機、利機，然後做出決策，透過商品銷售，去滿足顧客的需求，達成銷售的目標，是掌握消費者需求的市場獨占策略。

2. 販促是什麼？

   販促是「販賣促進」的簡稱，英文謂之 Sales Promotion。

   在特定時間地點，整合商品營運與流通，企劃某一項商業活動，運用多種手段以達到業績目標的行為謂之「販促」。它涵蓋下列四項要點：

   販促 ＝ 販賣 ＋ 廣告 ＋ 活動 ＋ 展現

   (1) 販賣（SALES）：

   常規性的販賣：指有關商品流通、人的販賣、售貨員教育、特定人員促銷、廠商配合、競賽嘉獎等創造性的販賣。運用各種促銷方式，達成預期銷售目標。

   (2) 廣告（ADVERTISEMENT）：

   選擇運用各種廣告媒體，如報紙、傳單、電視、電臺、海報、POP、HOME PAGE 等常見的媒體，傳播大眾認知，達到預期目標。

   (3) 活動（EVENT）：

   舉行各項展覽、展售會、實演、文化展、文化教室、XX 之友、慈善活動、大集會、節慶特別活動、抽獎、出清、拍賣、特價、贈送等等活動皆是。

   (4) 展現（PRESENTATION）：

   商品重點陳列、重點裝飾、賣場規劃、氣氛演出、空間設計等有加強特殊效果之功能，對主要活動、主角商品有特別介紹之效果。

   在常規的銷售方式外，配合各種手段來達成促銷業績的作法稱之為「販促」。

3. 行銷與販促的關係

   行銷是戰略，它整合營業、採購、販促，不斷開闢商機。它涵蓋策劃、流通營運、服務等廣大領域，為達成業績目標，需要販促配合。

   販促是戰術，是一種促進營業銷售的手段，它在預定的經費，有效地運用媒體、活動來達成業績目標。

行銷是拓展廣大市場的企劃戰略，販促是行銷的手段，販促是銷售的催化劑。

行銷販促是針對市場行使手段，達成目標業績。

新進發展出行銷廣告、行銷展覽。

4. 行銷與銷售的關係

項目	行銷 Marketing	銷售 Sales
目標手段	重視企業長期利益 了解顧客需求，滿足顧客期望	短暫一次性活動 重視商品交易流通
商業營運	動態，多方面開拓新市場 不斷為商業發展注入新動力	靜態，平面持續發展 是商業營運的基礎根本
商品流通	強調整體商品與服務 重視企業與消費者雙向流通	強調單純商品販賣 企業與消費者是單向流通
工作範圍	是企劃行為，包括銷售 全部門整合，團隊活動	執行販賣商品不包括行銷 業務部門掛帥，其他配合
交易行為	戰略性行為 面對市場讓商品大賣	戰術性行動 一對一把商品賣好

二、行銷為什麼需要販促

1. 時代在進步：
   以往的買賣方式已漸漸不合時代，現代的流通業要創造銷售、迎接新的變化，開創自己的天地，靜態的銷售方式遠不如動態來得積極，來得有效。

2. 競爭日趨激烈：
   市場競爭激烈，同業不斷推出新的促銷活動挖走你的顧客，總不能眼看著生意讓給別人去做，眼看著同業業績蒸蒸日上，而自己卻節節衰退。

3. 生活型態蛻變：
   人口結構及新的生活型態蛻變，產品細分化，新流行商品不斷推出，需要有系統、有計畫性地推銷市場與告知顧客。

4. 增加商品回轉：
   販促能促進銷售，增加商品回轉，減少庫存壓力，資金更可靈活應用。

5. 增進顧客公關：
   行銷販促是一種長期性的投資，不是打帶跑，它能促進與顧客的互動關係，同時亦可爭取到新的顧客。某零售業高層主管曾說：「兩個星期沒有DM，消費者就會忘掉你」。

6. 提高銷售業績：

以往所有的老闆，幾乎都在業績不振時，才想到要做促銷工作，業績好時都認為不需要廣告，生意照樣好。營業銷售人員在業績不好時幾乎都在怪販促單位不力，忘了平常多與販促單位及早計劃準備。

生意好時做促銷事半功倍，業績不理想時做促銷事倍功半。

暢銷品做促銷事半功倍，滯銷品做促銷事倍功半。

三、行銷應有的認識

1. 不要只注重特賣活動：

削價比別家便宜，以低價來吸引顧客，這是老祖宗續沿至今仍在的古老手法，每當想要達成預期的營業目標或生意不好時，幾乎都會想到這最原始、最不花錢的方法。實際上，折扣戰最好少用，因為後遺症很多。

2. 信賴性的確保：

顧客對一家商店的信賴決定這家商店的存亡，不新鮮的食品再便宜也沒人要，服務不好的商品買了它也麻煩。信用度建立於顧客的信賴上，要長期不斷的維護，一疏忽就可能前功盡棄。

3. 生活提案：

行銷推廣的基本目的，就是要賣出更多的商品，現代社會每個人、每個家庭都想過一個愉快的生活，行銷推廣正好提供這類需求，為每個家庭提供最新的生活提案，這正是行銷推廣的重點工作——要在每一季搶先告知顧客及時享用。

4. 重視體驗行銷：

行銷已進入一個嶄新的領域，傳統行銷重視商品外型好、品質功能好。

新時代的體驗行銷，重視商品塑造感官體驗、思維認同，我們體驗行銷的新觀念，將有助於商場擺脫傳統的促銷競賽、價格戰爭，而採用更具感染力的行銷方式，踏出新的經營策略與生存空間。

5. 行銷推廣是團隊工作：

推廣與營運部門一體，每一次行銷推廣活動，都需要雙方合力演出才能奏功，要長期投資，有全年性的計畫輪番推出、前後呼應。無論是事前計劃、事中推行、事後檢討，都需要團隊合作。

6. 事前評估工作：

每當要進行一項行銷推廣活動，事前的評估工作是必要的，免得花大把錢，忙了半天，成效卻不好，白忙一場。

行銷推廣工作沒有百分之百保證一定好，多參閱以前紀錄，經大家研討過，失敗率必將降至最少。有些時候需要長期培養，那就得做短暫的犧牲。

7. 做好做大：

廠商配合、策略聯盟或運用國內外政府機關力量。

通常要求廠商配合獎品、贊助廣告費或合辦活動，不能讓廠商吃虧，要讓他們吃到甜頭，才有再次合作的可能。

找國內外政府單位合作，在商場舉辦地方物產展、國際物產展、觀光展。

8. 對抗電子商務的網購狂潮：

現代零售業實體商場面臨電子網購的虛擬商店，甚至有實體商場投靠虛擬商店的 O2O 型態，這時期正是販促為行銷做出貢獻的主力，了解虛擬商店的弱項與趨勢，展現許多它們辦不到的地方，如做好精緻的顧客服務，提供有力的獨特業態及活動，展現不同的威勢力量，為行銷做後盾的催化劑。

9. 注意事項：

(1) 店內、店外雙管齊下運用。

(2) 生意不好時，多舉辦店外集客販促，多吸引人潮。

(3) 旺季顧客多時，多舉辦店內促銷工作，掏盡顧客錢包。

(4) 出奇制勝，永遠要比別人早一步推出。競爭對手做了，我們就不做。

(5) 把握流行潮流，及時掌握商機，絕對不能欺騙顧客。

(6) 多利用大眾傳播媒體的軟性報導，這樣最有效果。

02 行銷的基本工作

一、店外顧客的行銷〈集客促銷〉

1. 來店促銷〈叫人來〉：

直接促銷：商品市場戰略活動、聯合大特賣、大優待、大出清、大競賽、贈獎活動、廣告活動、特別節日大活動。

間接促銷：公益活動、義賣、慈善、文化教室、會友制、畫展、商展、物產大會、店內卡、信用卡、企業聯盟、網頁廣告。

2. 入店促銷〈引導顧客入店消費〉：

商品展示活動、店頭裝飾演出、大櫥窗演出、商店陳列演出。

店外各項表演、演唱、店頭廣播、店頭看板、大廣告旗、POP 標示。

電視牆、特殊造物、雷射表演、煙火表演、商業步行街演出。

二、店內顧客的行銷〈業績促銷〉

1. 店員努力：

   幹部、售貨員、努力販賣、提高士氣、獎勵辦法、充實商品知識，應對顧客技術改進，充分讓每位店員瞭解每一次活動及自己扮演的角色。

   聯合廠商一起來，利用廠商提供資源。

   不斷的專業化培訓，讓每個員工具有商品專業化知識，做什麼像什麼。

2. 陳列演出：

   豐富的商品陳列，流行、獨家特色等意味的演出。

   價格的魅力引誘、V.M.D. 的演出，商品分類、色彩、尺寸、式樣等。

   各專門店 VP 點、大櫥窗的獨特展現。

3. POP：

   賣場上、中、下都要有 POP。

   店內活動介紹。

   製造衝動性購買。

   清楚地標明尺寸、價格、內容說明。

   特點、服務說明，推介贈品、活動。

4. 實演：

   啟發性活動、試吃、試飲、試用、試穿、特殊文藝表演。

5. 大贈送、大贈獎、大猜獎、購物積點。

6. 特價活動：大時價、大出清、大拍賣。

7. 店內播音系統廣告〈BGM〉。

8. 卡友活動：卡友特惠、卡友回娘家、購物積點回饋、卡友獨享特賣會。

注意事項：

1. 店內、店外雙管齊下運用。

2. 不景氣、生意不好時，多舉辦店外集客活動，吸引人潮。

3. 旺季顧客多時，多注重店內促銷工作，掏盡顧客錢包。

4. 出奇制勝，永遠要比別人早一步推出。

5. 競爭對手做了，我們就不做。

6. 絕對不能欺騙顧客。

7. 把握流行時段，及時掌握商機。

8. 多利用大眾傳播媒體報導，這樣最有效果。

03
行銷策略方案

1. 提高戰鬥力：
    (1) 寸土寸金開闢新戰場、部分改裝、創造節日活動。
    (2) 各店調整商品、引進新商品新櫃、淘汰業績不良專櫃。
    (3) 推出高檔低價殺手商品、獨家特色商品。
    (4) 各店聯合作戰、好戲巡迴演出。
    (5) 加強推卡、擴大卡友活動。
2. 重視商品陳列演出，展示商品的賣相
    (1) 重點大 VP 演出，陳列季節流行代表商品。
    (2) 各樓、各專櫃、Ｖ P點重點商品演出。
    (3) 季節商品聯合演出。
    (4) 廠商配合演出。
    (5) 豐富多彩的 POP 演出。
3. 新形象塑造
    (1) 舉辦國際性商品展：聯合廠商與駐華商務單位。
    (2) 推展文化教室、文化展覽、文化活動。
    (3) 參與公益活動、環保活動。
    (4) 人員形象包裝、服務形象包裝。
    (5) 公關造勢活動、公眾人物造勢活動。
4. 提高競爭力、加強文宣廣告活動。
    (1) 有計畫性地工作，避免急就章。
    (2) 超越同業之對策——提早準備、提早製作。
    (3) 運用廠商力量、國內外力量。
5. 檢討現有媒體之運用方式，研發有效作戰方法，對抗亂打折、買 X 送 X 等低毛利混戰。
6. 重視體驗行銷。
7. 製造商圈優勢。
8. 大統百貨美籍顧問埃伯格的名言：「編列你的預算，做出你的計畫，全力執行你的計畫」。

04
預算與計畫

1. 編列預算、批准及控制：

  (1) 根據商品部全年銷售預算，訂定全年行銷預算。

    沒錢做不了事，但有錢也不一定能辦好事。如何運用最少的經費去做最多的事，「能省則省、該用則用」是運用預算的最高原則。

    有了預算不一定要死死板板地執行，中途變化、修正是必要的，不足的時候要及早報備，以便中途申報追加。

    新店開幕的行銷預算是特別企劃，為達成目的不計費用以完成使命。

    一般時期百貨公司的販促預算大都占總營業額的 1～3%，當然競爭激烈時 5% 的大殺戮場面也有。

  (2) 編列總預算之流程如下：

    A. 根據營業部門的營業計畫，編列六個月後的行銷計畫與預算，同時提出去年實際行銷費用與本季預算金額，及占營業預算的百分比。

    B. 行銷部與營業、採購部門再次檢討。

    C. 行銷部→總經理→董事長。

    D. 總經理批准→董事長批准→行銷部。

  (3) 編列各月活動實際預算：

    A. 參考總預算編列，再確定各月預算。

    B. 從各月預算中作媒體、裝飾、宣傳等實際費用預算。

    C. 控制各月預算，並隨時填寫公開費用表。

    D. 發現各月預算不足，舉出理由向上呈報，要求追加預算。

    E 費用有剩或超過，可以隔月互補，一季一算。

(4) 全年全店行銷費用預算表

單位：元

分類	項目	1月	2月	3月	4月	5月	6月	半年合計	7月	8月	9月	10月	11月	12月	半年合計	全年合計
企劃廣告	報　紙															
	電　視															
	傳　單															
	贈　獎															
	贈　送															
	看　板															
	公　車															
	活　動															
	其　他															
	合　計															
美工裝飾	布　幕															
	布　旗															
	裝飾物															
	佈置費															
	電腦用															
	其　他															
	合　計															
全年總計																
營業預算																
行銷／營業%																

備註：表格專案只供參考，可自行調整增減。
　　　本表是附和直式編排，實際以橫式為佳，格式拉開好寫數字。

(5) 販促費用預算控制一覽表

項　目	9月	10月	11月	12月	1月	2月	合計
行銷預算							
行銷／營業預算	%	%	%	%	%	%	%
行銷實際支出							
行銷／營業實際	%	%	%	%	%	%	%
當月差額							
申請追加							
累計差額							
說明							
董事長							
批准							

報告單位：　　　　　店　報告者：

備註：本表在 6 個月前即送董事長批准。

行銷預算是由行銷部根據營業部營業預算的百分比所計算出來，其百分比大約 1～3%，有時候高達 5%。

行銷／營業預算，是行銷預算占營業預算的百分比。

行銷實際支出是每月實際支出費用。

行銷／營業實際是指販促費用占營業實際的百分比。

當月差額是指行銷實際費用支出與預算之差額。

當行銷實際超過預算時就要向董事長說明理由，申請追加。

每月行銷費用有剩或超過，都要計算累計差額。

費用有剩或超過可以隔月互補，一季一算。

根據全年行銷預算，訂定

　●六個月初步行銷計畫。

　●三個月細部行銷計畫。

　●一個月行銷實施計畫。對策市場競爭、考慮部分調整及事後檢討、歸檔。

2. 策劃全年行銷運作

(1) 策劃全年行銷概略計畫

由公司營業與行銷部門共同研討，參考經營與現時經濟環境資料，對全公司未來的年度做出全年行銷概略計畫。

(2) 調整新舊曆日程：每年的新舊曆常有變動，如中秋節、農曆新年皆有不同時間，甚至跨月，因此必須調整。

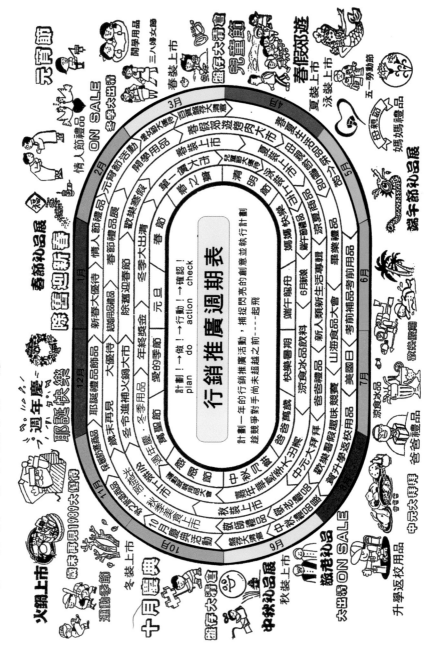

(3) 製作全年行銷運作概況計畫表

　　一年中有 12 個月，每個月都要創造業績。商場如戰場，瞬息萬變，商機稍縱即逝。一般多重視半年初步計畫，三個月細部計畫及一個月實施計畫。從上表中可參考全年活動節慶，做出半年初步計畫，如在 6 月時，就要做出 9 月的細部計畫，以及擬定 12 月的初步計畫。

3. 行銷計畫表格：

_____月宣傳計畫表

日　期		1	2	3	4	5	中間日期省略	27	28	29	30	31	費用預算
星　期							正式製表補上						
節　慶													
全館大綱													預算　　實際
電訊	電視												
	電臺												
報紙	A 報												
	B 報												
	C 報												
	D 報												
傳單	百貨												
	超市												
看板	壁掛												
	T 霸												
公車	車體												
	車內												
其他													
日　期		1	2	3	4	5		27	28	29	總　計		

備註：本表僅供參考，依各店需要自行增減，各媒體內容另詳細專頁報告。

_____月裝飾計畫表

日 期		1	2	3	4	5	中間日期省略	27	28	29	30	31	費用預算
星 期							正式製表補上						
節 慶													
全館大綱													預算 　　實際
屋外	布幕												
	裝飾												
屋內	櫥窗												
	vp台												
	氣氛												
	大門												
	一樓												
	各樓												
	樣板												
	POP												
吊飾	中庭												
	各樓												
其他	燈飾												
	雜項												
日 期		1	2	3	4	5		27	28	29	總 計		

備註：本表僅供參考，依各店需要自行增減。

4. 提交廣告商品的規定

　(1) 每次廣宣活動，必須提交廣告商品以編印廣告刊物。

　(2) 提交過程：

　　　A. 編定廣宣活動日期、預算。

　　　B. 每週定期企劃會議，決定取材（商品範圍）。

　　　C. 編輯打樣，發包，選定交商品日。

　　　D. 挑選商品。

　　　E. 開始編輯、印刷、退回商品。

(3) 刊登、發行。

(4) 嚴格規定，商品部有專人負責按期交商品，缺一次即予以警告一次，警告三次即記小過換人。

(5) 廣宣通告

媒體名稱	□傳單　□報紙　□其他					
主題名稱						
活動期間	年　　月　　日～年　　月　　日　共　　天			刊出	月　　日	
發行份數				規格		
內容：						

企劃會議	版面通告	取材	交商品	拍照	編輯	校對	付印

5. 廣宣活動申請辦法

(1) 廠商專櫃舉辦任何活動均須向公司報准，不得自行舉辦或者依合約查辦。

(2) 活動後須恢復原狀，如有損害照價賠償。

(3) 廠商專櫃廣宣活動須填寫活動計畫表，經單位主管核准後實施。

05 販賣

一、第一線銷售人員的販賣

銷售人員是公司主要的業績來源，可劃分為常規的販賣與創造性販賣。

1. 常規的販賣：

加強人員的訓練，不斷地教育，老鳥帶菜鳥，使人人皆為精兵。

(1) 打從銷售人員踏入公司即開始教育，加強在職訓練，告知公司的宗旨、精神所在。

(2) 當顧客經過或踏入店內參觀時，以微笑來招呼顧客。微笑是最美的語

言，能使顧客產生好感，人人皆不喜歡看到晚娘面孔。有些售貨員會濃妝豔抹，口嚼口香糖，手挖鼻孔，顧客光臨時雙手抱胸，愛理不理，甚至素顏，讓顧客避而遠之。如此行為是在驅趕顧客，變成「販賣促退」。

(3) 接待顧客標準話術：

顧客光臨時——「您好，觀迎光臨。」

顧客參觀時——「您需要什麼，我可以為您服務嗎？」

顧客離開時——「謝謝您，請下次再光臨。」

每天早上開店前，必須重複地練習標準話術。

(4) 像好友般建立感情，記住顧客的面孔習性、姓名、電話。我們經常看到老顧客光臨某櫃位時，售貨員熱忱地招呼，甚至能立刻叫出顧客的大名，顧客往往笑不攏嘴，笑嘻嘻地把商品大包小包提走。

平時不斷以電話、生日卡片、DM 傳單…等和客戶保持連絡。

(5) 商品知識

售貨員必須充分瞭解你所賣的商品，包括其特性、使用方法、關聯性，甚至本身也要體驗一番，穿看看、吃看看、坐看看、用看看，這樣才能說服顧客，讓他安心滿意地購買。千萬不可欺騙顧客，只要上當一次，就算你補償 100 次都無效，甚至還可能因此失掉 10 個客戶。

(6) 隨時整頓自己的賣場

顧客喜歡的是清潔舒適的購物場所，當顧客說：「我已經習慣在這裡買東西！」為了留住這位好顧客，你必須經常整頓商品，保持賣場光鮮亮麗。

(7) 訂立目標責任制

訂立營業預算，只要目標達成即有獎勵，培養售貨員努力達成業績。

(8) 善用導購資源

公司印製各式各樣宣傳品，可不要浪費。若海報缺了一角就要趕快換。

POP 擺在規定位置，日期過了迅速更換。贈品或抵用券保管好，隨時盤點、妥善運用。

2 創造性販賣：

(1) 不斷地推出促銷活動，由門市售貨人員選擇特定商品展開促銷，如冬季將臨，特選保暖商品，在賣場重要地點把相關商品一起重點陳列。

或如夏季，把消暑用品組合促銷，大家一起納涼。

電腦 3C 方興未艾，舉辦展售會、演講會、研習會等，帶來人潮，更可帶動電子產品銷售。

(2) 配合廠商活動，鼓勵廠商多舉辦促銷會，多安排不同商品上場，才有新鮮感。

(3) 發動廠商競賽，讓廠商彼此間競爭，在輸了難看的情況下，廠商會賣力來配合。期間不能太長，同類商品一年舉辦一兩次，在每次活動結束後要提供獎勵，頒發感謝函。

(4) 各樓營業競賽對抗，每日公布成績及達成率，當然事先在訂立目標時要公平、心服，公布地點最好選擇在員工餐廳，讓全公司員工都看得到，相關後勤部門、支援單位也要有所獎賞。

某百貨公司曾經在年終促銷期間舉辦業績大競賽，優勝者獲頒獎金及金蘋果一座，最後一名獲酸蘋果一座，每年一次的金、酸蘋果獎落誰家成為話題，記得有一次某樓層獲頒酸蘋果獎，全樓售貨員抱頭痛哭一場。

(5) 獎勵方式：

加薪、獎金、榮譽假、特休、招待溫泉、出國考察、家族招待、公開表揚、頒發獎牌、獎狀、獎座、榮譽物、金蘋果、金旗。

有獎也有罰——扣薪、扣假、掛黑旗、酸蘋果。

好的售貨員 1 人可抵用 8 人，壞的售貨員不只損失 1 人，還會連帶多人受害。售貨員關係到公司的存亡，管理者要隨時注意自己部門的售貨人員狀況，對其生活、表現、應對、販賣等事事關心、訓練、教育。

若是平常馬馬虎虎管理，照樣過日子，等到業績漸漸下降時就來不及了。多利用公司資源和宣傳媒體，多利用朝會告知，讓大家對每一次活動都瞭解並熱心參與、配合，這樣對大家來說都有成就感。

著者發現國外的百貨公司，在早上開店前的朝會時，各樓層幹部都會集合店員一一講解當日的行事曆，大家也都專心聽講。

反觀國內百貨業雖有朝會，大都流於形式，店員漫不經心，你說你的、我做我的，開店後顧客一問三不知，甚至連總機接到顧客詢問時，也趕緊把電話轉接相關部門，電梯小姐也經常不清楚今天公司在舉辦什麼活動、哪一樓有什麼特賣消息。這樣是人的販促工作沒做好，訓練不夠又管理馬虎所造成的結果。

3. 服務員銷售技巧 10 招

(1) 面帶笑容，第一時間向顧客打招呼

顧客來臨時，請在十秒內向顧客問好。假若你正在服務其他顧客或打電話，請不要忘了說聲「歡迎」、「您好」、「請稍候」等簡單招呼語。

笑的秘訣是嘴輕輕咧開，再加上眼睛也要微笑，才能透露出真情的喜悅，這種微笑才是顧客所希望的。

(2) 眼睛也要說話

當你向顧客打招呼，或者說話的時候，務必要雙眼凝視顧客，讓眼睛也幫你說話。要拿捏準確，如果眼神飄移，會讓人感覺你不夠誠懇。

(3) 化解隔閡，製造溫馨、包容各式各樣的人

顧客上門的時候，適時打破僵局，消除冷漠。你不妨試試這些話題：談談氣候、說說讚美的話、如有小孩，讚美小朋友好可愛。

(4) 讓顧客親自動手摸摸商品

商品陳列就是要讓顧客容易看得到、摸得到、買得到。

(5) 容光煥發迎接顧客

不能把壞情緒帶著上班，不能臭著臉迎客，這樣子會好像在趕客人。

(6) 保持賣場整潔乾淨

用顧客的眼光去觀看，不要因為自己天天在看，而忽略了細節。

(7) 全神貫注傾聽顧客意見，把抱怨聲當成忠言

顧客的意見有很多是我們看不到的缺點，必須改進，忠言是免費的，何樂而不為？仔細留意談話的內容，這樣才能聽出顧客的需要。

(8) 把顧客變成朋友

買賣之後，要找機會聯絡客戶，建立持久的友誼，這樣顧客才會再回流。

經常連絡問好，邀請他們參加公司週年慶酒會，提供最新產品資訊。

(9) 時時提醒，生意綿綿不斷

很多商店或服務中心經常發出感謝信函給來店光臨的客戶，感謝他們的愛顧，隨時提供新產品、特賣、折扣等活動的消息，以拉攏客戶。除了信函，還可以按客戶的生日寄發生日卡，並附折價券、贈品券之類的特別優惠，這也是促使老顧客再度光臨的好方法。

(10) 無理抱怨，慧眼斷定

很多惡劣的顧客都知道，只要有抱怨，對方就會委屈求全，而他就可

因此獲益。所以處理抱怨時就必須獨具慧眼，分辨出那些該給予合理補償，那些該給予面子，讓他知難而退。

4. 專業化培訓

(1) 專業化〈Professional〉

專業化又叫職業化或專職化，台灣稱為「達人」。在零售業裡，我們首先來了解行銷——Marketing 的真義：了解市場需要什麼，顧客需要什麼。

行銷與銷售都需要專業知識，把自己鍛鍊成比別人知道更多的高手，不僅販賣商品，還要幫顧客買到他們想要的商品，這就是專業化。

(2) 要有內行的樣子、要做什麼像什麼

無論公司賣什麼商品，都要充分瞭解，對顧客表現出內行的樣子。

如醫生要有醫生的樣子，這樣才能讓病人有所信賴。

法國紅酒 Chateau Latour 是法國 5 大酒莊之一，具有 500 年歷史，所生產的大拉圖紅酒，價格都在 6000 元以上。從酒窖設計、生產設備、員工制服到員工交談等等，都會令人感受到，他們是打從內心在打造一個酒的文化，而不是像一般品牌，只光顧著生產，然後把酒賣出去就好了。

麥當勞、肯德基，無論在餐館設備、制服、待客態度等等，都是在展現他們的企業文化。

(3) 你個人的工作形象，與公司形象息息相關

服務人員其個人與公司形象息息相關，注重儀態端莊有禮，對顧客有問必答。隨時都警惕自己，本身站在賣場第一線，要表現得像個專業人員，讓顧客信賴你。

(4) 專業化的工作態度

A.力求完美，把工作儘量做好。

B.麥當勞的美式管理方式，接待客人的工作態度，實在令人敬佩。

C.拋棄士大夫觀念，不分大小階級從基層幹起。收集顧客的反應、建議、投訴，徵求供應商意見，學習他們的專業知識。

聽聽外界的聲音，向競爭對手學習，參觀各項展示會。

(5) 專業化的工作道德

A.對公司效忠

大家都知道對國家盡忠，對公司就不一樣了。你不能要求公司為你做什麼，而是你能為公司做什麼。遵守公司規定，絕不偷雞摸

狗。

B. 傳承企業文化

你們將開始接受各項專業訓練，如崗位守則、工作規範，為了做好自己的工作，要認清你需要什麼具體的知識技能，好好學習，遵守規定，然後再將它傳授給他人，這就是工作道德。

C. 發揮團隊精神

擁有良好的商場設備後，就需要有最好的團隊。做到每個人都具有專業人員的程度，有問必答，每個人都要維護核心價值，遵守基本要求。

06 廣告

一、廣告：宣傳廣告媒體

1. 電視 (TV)

T.V. 是所有廣告媒體中，最受歡迎的一種，費用昂貴，成效也快。

優點：散布面大、成效快，好的作品能引人注目。

缺點：費用昂貴、時效短，構想不容易。

應用：多用在換季、ON SALE、週年慶、新品上市、新開幕。

2. 報紙 (News Paper)

在廣告媒體中，使用最多，最廣泛的媒體。

優點：發行份量大、可讀性高，有一天的存在性，可多人閱讀，配合度佳。

缺點：費用愈來愈高，不易大量展現單品。一般百貨業少用，量販、3C產業常在做整版特賣廣告。

應用：許多商場經常使用廣告，採用新聞報導方式。

舉辦記者會 提供商業消息，效果反而更好。

近年來由於資訊業發達，許多讀者轉向電視、電郵，網路方面，報紙廣告式微，百貨業大都選在大活動時〈如週年慶、母親節等〉才大版面刊登，其他時段則能省就省。

(1) 樣板 (Format)

各公司在報紙廣告上都應該有它的特色或格式，使顧客一看就知道這

是 XX 家的廣告,一望即知這家公司又有新的活動、新的廣告。

(2) 軟性報導 (Publication)

報紙各種紀事報導,其效果有時候比廣告版還有力。首先你要有敏銳的新聞眼,發掘新聞性的題材,也就是找出有新聞性價值的報導消息,引發記者的注意與興趣,自然會上報。如又附上圖片,圖文並茂皆大歡喜。

權威性的專題最好自己擬好再交給記者,必要的話再補充圖片,那報導就更精彩生動了。有人說,能製造好新聞,就是英雄。

從事零售業者有兩種人不能得罪,一是顧客,另一個就是記者。

範例:

▲上圖為台灣早期的報紙廣告。

▶美國 MACY 百貨公司是美國最大的百貨之一,其樣板在版面右下角標明大商標,加上精緻的圖面設計,以大篇幅的重點廣告取勝。

大賣場報紙廣告常用跨全頁大篇幅版,採單品廣告,通常是多家分店聯合廣告,各店分擔費用。

3. 傳單 (Fly)

最普通、最古老的一種宣傳媒體,製作方便,成品精良,經常大量發出。

優點:可讀性高、存放時間較長、編印精美、發行方便。

缺點：編印時間較長，因常趕印，稍不注意即有錯誤發生。

夾報、派報時容易有偷工欠送等弊端，須派人監看。

各種傳單太多，容易氾濫成災。

百貨公司的傳單廣告

▲一般傳單規格都在 4-8 開之間，採單張或整本設計，採用郵寄或委託派報公司大量派送發行。

◀左圖是傳統式的傳單，商品繁多。尤其左面傳單，商品像沙丁魚一樣，擁擠在版面，任誰都不想看。

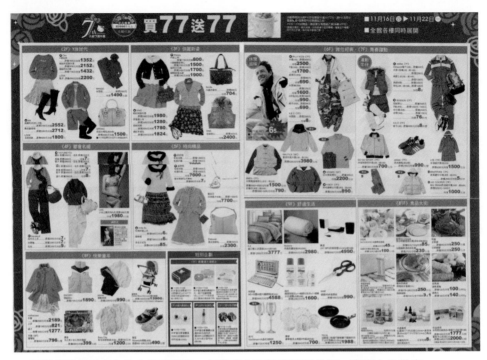

▲百貨公司傳單廣告內容商品豐富，每件廣告商品都經過挑選。實實在在做廣
告，絕不能欺騙顧客，這樣才能讓顧客信得過。

◀百貨公司傳單以全館各樓商品為主，主打價格戰，封
底為活動報導，許多百貨業績全靠傳單來支撐，近年
來由於資訊發展快速，傳單的威力漸失。

▼換季新裝搶先上市，每件廣告商品平排，閱讀容
易，具有吸引力。

日本百貨公司的傳單廣告

▲東京小田急與京王百貨公司的傳單。

購物中心的傳單、宣傳冊廣告

　　購物中心定期發行雜誌型刊物，印刷精美，可看性大，一般看後不會丟棄。

　　購物中心主打 Image 形象，注重活動，吸引人潮。

　　發行量大，遍及各階層。

　　一般是月刊、周刊、特刊等方式發行。

倉儲量販店的傳單廣告

量販大賣場的傳單

　　廣告食品感覺清新、價廉物美，附和現代零售業高品質、低價位的宗旨。

▲某些量販店的傳單，高級清爽的廣告版面，一反常態，令人刮目相看。

4. 廣告小冊 (Circular)

　　多頁編印成冊，分類清楚、內容多，發行較有計畫性，可讀性也較高。

　　費用相當驚人，尤其是郵寄費，一般以一個月 1 至 2 次發行，也有一季發行一次。IKEA、美國的 Sears 百貨每一季出一本厚厚的 Circular 季刊，供購物參考或郵購使用。

5. 夾報：

　　將傳單或小冊交送報生，夾在每日報紙中隨報送至各訂戶。

　　夾報費用便宜，但送報生常亂夾，不易監控。

6. 派報：

　　將傳單或小冊交專人至各指定地區發送，或每家每戶投入其信箱中。

　　派報費用便宜但不易監控，甚至有作假、公寓投放不易等狀況。須事先要求派報公司提供詳細規劃，包括戶數、道路，派人監察。

7. 通信廣告 (DM)

用郵寄方式將廣告物寄發給特定的顧客，有其特定的效果，只要名單正確，DM 亦是一種與顧客相互溝通的好幫手，百貨公司、大賣場皆大量使用。

優點：指定物件，對症下藥，收件人有好感。

缺點：投遞時間較長，名單有誤會退信，信箱中 DM 太多種令人反感。因此每次 DM 之設計都要下功夫。要考慮投遞信件重量，註明廣告信件請勿退回。

郵寄之名單取得要靠公司平常之收集建立檔案，一般以主顧客名單為主，其他例如信用卡名單、會員卡名單、公司名單、工會名單…等。

多辦幾次抽獎活動，就會有不少名單進帳。

筆者在早年很成功地運用一次行銷販促，那就是在大新百貨公司推出 Back to School 活動。在當年度新生入學前推出銷售戰，從每個學校畢業紀念冊上，拿到國小畢業生名單，分三次寄 DM 給他們，當時在高雄這是第一次，同學剛入初中就收到祝賀信，每一個學生都感到意外，而有被重視感。第二封信推介新質料的學生服廣告，第三封信擴大宣傳加上抽獎、贈送，因而每天學生服賣場都爆滿，那一年幾乎做了全市的學生服，贏得很徹底，第二年有好幾家跟進。

8. 懸垂布幕 (BIG FLAG)

在店面外壁懸掛大布幕，廣告某活動或其商品，由於店面樓壁高，大布旗醒目，如交通流量大，效果會更加乘。

尺寸以長條型為佳，質料為 PVC 帆布，用電腦噴畫，既生動又壯麗。

9. 電臺 (RADIO、CM)
   (1) 方式：插播錄音，節目報導。
   (2) 電臺：調頻、調幅二種，各地區地方電臺。
   電臺廣告歷史悠久，在以前有過一段黃金時期，由於電視興起，電臺才告退熱，不過還有其價值存在。每一個節目都有它的聽眾，如加工廠的工人們在上班時，很多都是邊工作邊聽廣播節目的。夜間工作者也都有收聽節目的習慣，開汽車的人也都會聽聽電臺廣播節目。

10. 電影院廣告 (CF)
   即在電影放映前插放 CF 影片廣告的方式〈以 30 秒為宜〉，由於電影院生意大不如前，觀眾較少，因此如要採用電影院廣告，要看上映的片子是否叫座、地域上是否相近，顧客成分是否適合。

11. 雜誌 (MAGAZINE)
   雜誌廣告大都有專業性，印刷相當精美，可讀性高，保存性亦高。國內以時尚雜誌發行量最大，每次廣告設計都要下很大功夫，廣告費用亦大。
   服飾專門業大都重視流行雜誌廣告，重金聘請洋模特兒及專業攝影師配合服裝設計師、化妝師、人體彩繪師、燈光道具師，拍攝前的作業繁雜。

12. 戶外大看板 (T 霸)
   在市區或交通要點、視野廣大地點或高樓上豎立大型看板。百貨公司在每次週年慶、大出清時利用大看板告知顧客，往往效果很好，但使用時間不宜太久。在國外有很多菸酒、汽車、家電、名牌商品或大企業等採用戶外大看板廣告，夜間有照明設備。美國有家香菸廣告大看板，其主角口腔還會噴煙。

13. 空中汽球 (Balloon)
   利用大汽球，下面懸掛廣告標語，在交通熱鬧地點，飄浮在空中。開幕時在屋頂懸掛大汽球廣告多枚，除廣告 OPEN 外，亦有裝飾之效果。
   一般充氣使用氫氣有危險，應該使

用氦氣。

有一種夜間空中汽球,造型可愛,很受注目。

14. 車體廣告 (Bus Ad)

分車內、車外兩種,車內便宜,車外則貼在車體外側費用較高。公車滿街跑效果不錯,是受歡迎的廣告媒體之一,適合作大型活動廣告,例如新開幕。

要注意廣告日期,避免活動過後還在滿街跑。新開幕先買一個月,有可能免費跑半年。買一兩部不夠看,要利用車體廣告時,最好數量要多。

各大城市都在發展捷運系統,許多人皆利用捷運上下班,因此車廂廣告具有很大的效果。在日本東京,地鐵車廂廣告十分搶手。

15. 店內廣播 (BGM)

預先錄製全店定時播放,製作錄音帶時最好有配音〈注意配樂版權〉,避免尖聲吼叫、賣藥式的廣告,如來不及製作,則臨時由服務台小姐播講。

店內廣播還包括:

(1) 廣播尋人:顧客親友。

(2) 緊急播放:災變告知。

(3) 整點報時、播放開店閉店啟事、內部呼叫暗號播放、活動廣告。

16. POP

所謂 POP (Point of Purchase),就是在某一時間、某一地點,對某種商品或活動,或特定形象的廣告,它是一個無聲的售貨員。

其材質包括紙、木、金屬、壓克力等等皆可,有靜態有動態。

一般以為 POP 只是寫海報、畫插圖,那就太小看 POP 了。迎接高消費時代,對抗同業的競爭,店長、中堅幹部、甚至第一線工作人員都要有 POP 的認識、使用、管理等常識,多利用 POP 來提高業績。

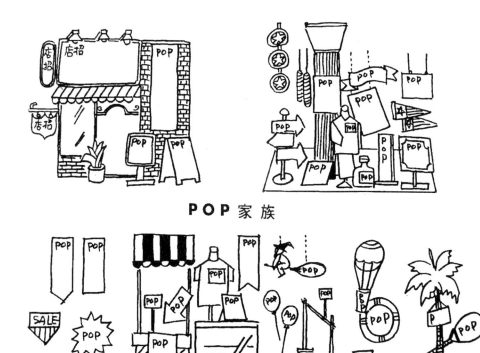

POP 家族

(1) POP 的種類：

A. 店頭 POP

用以引導行人入店，如店外吊掛裝飾物、入口特別裝置廣告標示等。

B. 店內 POP

壁面活用 POP、天花板垂掛、柱面海報、賣場道具、地板上放置或張掛 POP。

C. 商品 POP

新商品介紹、特賣標示、標價牌標示。

百貨公司、專門店或高級商品使用 POP 時，應用噴繪、電打、電割或印刷，材質要高級，且不宜太大，但拍賣期、ON SALE 則可加大，大黑大紅高高掛。

超級市場或量販店使用 POP 時，因變化快速，數量又多，故採用手寫較多，規格要標準化，種類不要太多，材質不必太講究。

購物中心要力求高品質，因此絕對採用印刷品或電腦列印品（A1～3 規格）。

在「ON SALE」換季時，各部門貼掛各式各樣的 POP 廣告，加強現場 ON SALE 氣氛。在外國打 9 折是 10% OFF，95 折是 5% OFF。

17.點券 (Coupon)

在美國最為流行，從報紙或傳單廣告上將點券剪下後，憑券可優待 XX 元或換取獎品。也有的是在顧客購物後贈送點券，集多少點後可換取多少禮物或抵用多少元，也有的是附在包裝盒上。

▲▶某倉儲批發的 Coupon 曾經採用條碼特價品方式，大受歡迎，再經過一段時間後也許會風行各地。點券的先決條件要有價值感，像設計有價證券一樣，不能馬虎，同時商品之選擇要確實便宜優惠。

奇怪的是，此種方式在中國行不通。顧客懶得集點，希望直接了當便宜給他，一看 POP 說明集點多少後才可享受優惠價，反而生氣不買了。總而言之，若能少給顧客添麻煩，一切從簡最好。

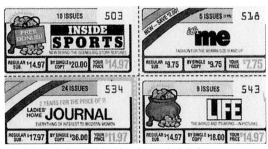
▲點券要有打洞的切線，使用時才方便。

18. 電話 (Tel) 傳真 (Fax)

對主顧客一有新貨來到，一通電話皆大歡喜。百貨公司的服飾售貨員最會使用電話，一有新貨到達，立即打電話給顧客介紹一番。

利用傳真來廣告新商品，也是不錯的選擇。但是不能亂用，以免引起反感。

19. 網路廣告、電子商務

   (1) 提高企業形象。

   (2) 成本的節省。

   (3) 廣告商品讓顧客輕鬆購買。

      網頁廣告市場日益走俏，網頁購物除了靜態的文字外，也有圖片及影音動態表現，其銷售業績已超過一般零售業。

      網頁廣告是以文字、圖片的模式呈現，它像傳統郵件廣告一樣，寄電子郵件來推銷商品。

      自己建立虛擬商店，利用網路購物下單，下班後就有你想要的商品送達，並可自動轉帳，非常方便。網路上的廣告商品有自家特色名牌、特別行銷活動，建立自己的愛買顧客服務群。

   (4) 電子商務趨之若鶩，有名的網購虛擬商店，其業績甚至威脅到了實體商店。大陸著名的阿里巴巴，其旗下的淘寶網、天貓網就有驚人的業績，某些百貨公司實體商店就加入其銷售網路。

21. 第四台電視廣告、電視購物

隨著第四台的急速發展，電視購物在電視上專售特定商品如日常生活用品保健品、珠寶、服飾、電器用品、影視器材等，優點是價錢較為便宜。

22. 送贈品打廣告

以贈送品印上廣告送給顧客，有時候也會小兵立大功。如大熱天拿小包面紙上印廣告在街上送人，相信沒有人會拒絕的。有一次春節前夕，某名牌

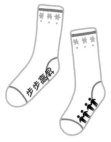

贈送男襪，底部印有「步步高昇」、「踩小人」、「一路平安」，結果大受歡迎。

23. 電子對獎

大陸瀋陽新瑪特開幕時，曾經舉辦一項「親一下、好獎等你拿」電子對獎遊戲活動。顧客購物滿百元，即送親親卡一張，多買多送。顧客憑卡至對獎處親一下，電腦俏佳人即可輸入條碼。等候每小時公布一次的中獎機會，獎品雖然不大，但是大受歡迎。

新媒體日新月異，如飛行船、熱汽球、空中飛機噴字、掛布條、小扇子…等。

名牌清潔用品 LUX 的美容專車，到處趴趴走很吸睛。

▲台灣夢時代每年舉辦大氣球遊行活動。

▲新加坡的聖誕節特別活動。

07
全年的行銷

一年之中節日眾多，還懂得利用各種時機，創造節日業績。如冬至可以把它創造為火鍋節或火鍋日，有節做節，沒節生節，利用節日做活動。

香港每年夏季及冬季，各有一次大拍賣，稱之為購物節。時間雖然不長，許多臺灣人仍被吸引，前去瘋狂採購，香港觀光單位屢向國外大作宣傳。

1973 年，有一次前去臺北美軍顧問團的 PX 合作社參觀，當時一進大門，觸目都是某月某日母親節的廣告，到處充滿母親節禮品及裝飾，令人感動。來年我如法炮製，那一年母親禮品加倍成長，第二年大發市，連續幾年就定型了。這是戰略性市場行銷的成功案例。

舉一反三，父親節也接著推出，結果愈培養愈壯大，小節日變成大節日。

節日以外，一年還有週年慶、換季大出清，3 次禮品節日，為最大宗生意，行銷活動機會最多。旺季多舉辦商品展、商品促銷會，淡季多舉辦文化展、趣味展。多舉辦國際展，配合異國風情、大規模展售會，將全部的行銷販促活動分類、分等級規劃辦理。

分類：商品展、文化展

項目	A 級	B 級	C 級
每年次數	2～3 次	10～20 次	20～50 次
規模	大型	中型	小型
販促費用	XXX 萬以上	XX～XX 萬	X～XX 萬

備註：注意市場毒藥期：考試期、抗災期、梅雨季、競選期，要減少活動，以免白忙一場。

08
對內行銷活動

對內行銷活動並非把商品賣給售貨員，而是希望全店上下同心協力，一致為達成營業目標而努力。

因此在每一次行銷活動開始時，要注意：

1. 告知：讓全店上下都瞭解，這一次的活動是以什麼主題推出、預期的目標是多少、相互間的關係、重點商品、花費的廣告…等，大家都理解事情的推展，就能順利進行。

2. 鼓勵士氣：訂定各種獎勵辦法，說明有利之條件，增加公司認同，給予信心。
3. 訓練：禮貌、慎用語言、商品知識、講習會、在職訓練。
4. 資訊收集：腦力激盪，提供外界資訊，促進內部解決問題。
5. 營業競賽：訂定各部門所需達成的數字、百分比，每日公開發表，在員工餐廳製表公布，另外還有陳列比賽、裝飾比賽、服務比賽、POP 比賽，凡優勝部門給予獎金、公假、獎品、旅行、記功…等獎賞。
6. 檢討、收集資料、歸檔。

09
國內外成功的實例

1. 促銷活動
   - 週年慶、滿月慶
     開幕紀念日或是開幕一個月，全店大優待或是打折。
     週年慶以經成為各大百貨公司的大活動，期間約十天或一個月，要求廠商配合折扣服飾八折、百貨超市九折，以化妝品折扣銷售最受歡迎，業績也最高。
     不過也有後遺症，週年慶前後生意清淡，在臺灣百貨公司的週年慶都喜歡擺在 12 月，也有百貨公司在週年慶前一天封館，讓 VIP 會員先享受優惠活動。
   - XX 年前同樣價格出售
     某百貨公司為慶祝 30 周年，特別在各部門推行 30 年前老價格的商品，如某一品牌襯衫 30 年前售 100 元，30 年後的今天亦僅售 100 元。
   - 福袋
     每年除夕為感謝顧客，特別準備大福袋 1000 個，內裝有商品，價值 300 元以上，甚至有 TV、電器用品〈TV 獎則福袋內放卡片及 TV 目錄〉。
     每袋僅售 100 元，顧客在除夕一大早即大排長龍，等候開門搶購。
   - 送燒賣賀卡，「收者高興，送者無限希望」
     顧客先買一張「燒賣賀年卡」，撕下下半部填寫自己的姓名、地址寄至 A 公司參加抽獎，獎品豐富價值高，上半部「燒賣賀年卡」寄給好友賀年，友人憑卡可至超市免費領取 A 牌燒賣一盒。

- 毛巾、浴巾稱斤大拍賣

  將毛巾浴巾捆包論斤出售，看似便宜，其實已先經計算。

- 襯衫大特賣

  大量生產襯衫，大量拋售，同時舉辦襯衫秀，請模特兒穿襯衫露美腿，在臺上來回展現最新襯衫樣式，迎合男人的口味。

- 盤存前大出清

  商店年度大盤存，在盤存前全店各樓裝飾大競賽、POP 大競賽，給顧客一個大驚奇——這家店今天怎麼不一樣，老闆不在亂亂賣！

- 盤存日 8 小時大拍賣

  盤存日上午大都關店盤點商品，下午 2 點起至晚上 10 點止全店大拍賣，做半天生意，有時比一整天的業績還要好。

- 舊衣換新衣，舊鞋換新鞋

  以舊物抵值 XX 元可換購新物。

- 新婚市場

  新婚前所該準備的物品，新婚用品、拍攝、典禮、車輛甚至婚後用品，蜜月旅遊均可合併成一專區。

- 加價購：加 X 元可多買一件

  同樣商品加 X 元可多買一件，例如屈臣氏經常舉辦。

- 贈品大贈送

  買 XX 元即送，最好送具有概念的贈品，例如送奇特火柴盒〈可供收集〉，或送紀念品、化妝品。廠商促銷產品時最喜歡送贈品。

- 雞蛋一元

  以商品僅售一元引來大量顧客，雖然有點虧本，但全店業績必定大幅成長，其花費的金錢比請一位小歌星還少。

  台灣好市多倉儲會員店每一家新店開幕，一律贈送雞蛋一盒。

- 神奇十元

  集合多樣商品一律 10 元出售。

- 單一價

  指定某地點或某台拍賣車，其商品一律 XX 元便宜到底。

- 早安市場、晚安市場

  早到顧客或是先到 XX 名有優待或贈品。

  晚上在關店前 30 分，生鮮叫賣降價出清，關店前 10 分鐘更瘋狂低價拋售，以便出清生鮮食品。

- 生鮮大接龍

  連續 5 天，每天以不同生鮮品特價出售。
- 土雞 X 元、豬肉 3 斤 XX 元

  上述食品是每日食用熱門商品，吸引力極大。
- 大搬家

  在某時段內任你搬，搬多少送多少，參加者皆是經抽獎中獎者。
- 購物競賽：凡在一天中購物最高者送 XX，成績可累積。
- 颱風天，超市大活動

  颱風天大家都搶購食物、青菜、水果，業績都比平日倍增，除了強調不亂漲價外，也要多促銷其他商品。
- 兒童樂園大招待

  凡在店內購物滿 XX 元，即贈送兒童樂園招待券，免費至兒童樂園遊玩一次。
- 美食大請客

  凡在店內購物滿 XX 元，即贈送美食點券，憑券免費招待美食。
- 一年一度家具大搬風

  選定某一時段把家具清倉大拍賣，用以減輕在庫壓力。
- 次級品大拋售

  表明這是次級品，但還很好用，如凹陷罐頭。
- 特選 100 種超廉價商品

  美國、日本的商店很流行此種方式，進行單品攻勢。
- 僅售 4 小時、僅售 1 天

  選定商品適時推出，提早預告，配合音樂、店內廣播。
- 每日一物

  當年遠東百貨推出每日一物轟動全台，每日不同商品擺放在特定地點以特別優惠價格販賣，推出後大受顧客歡迎，廠商爭破頭要提供商品。

2. 展示活動

- 國外觀光旅遊展

  結合各大旅行社、航空公司聯合舉辦，購買 XX 元即贈彩券一張，多買多送，最後抽出 XX 名，免費招待國外觀光旅遊。
- 各地名產特展

  北海道特產展、山仙大展、各地物產展、南洋特產展、南非文物展、聯展海產、澎湖海鮮展。各外國駐華經辦單位或縣市相關單位莫不大力推

廣當地農特產品，盡力爭取。

● 藥的展覽

具有教育之性質，聯合藥師公會、醫學院及各大製藥廠一起展出，特別陳列禁藥如安非他命、罌粟、紅中、白板、嗎啡等供社會人士有所認識，瞭解其害處。由於媒體報導而吸引大批顧客，攜家帶眷前來參觀。

● 時鐘節、火鍋節

沒有節日就要創造節日，只要有看頭就能吸引顧客。時鐘節最好找鐘錶工會合辦佈置大時鐘或古董時鐘、奇形怪狀鐘錶，或價值連城鐘錶，造成聲勢。

火鍋節最好在冬天舉辦，天冷吃火鍋，火鍋料、器材器具一同販賣。

● 安全展

集合安全之商品，讓顧客能充分瞭解安全上的知識，知道如何防身、防火防災、防盜、防暴及公害、保全等，同時配合治安單位提供黑槍、扁鑽、爆裂物、禁藥…等，提醒大家注意防範，發覺立即報警，共同維護社會安全。

● 珠寶展、飾品展、金飾展

珠寶、飾品最能吸引女人的注意，利用婦幼節，母親節多辦此類展覽，尤其是金飾可做成各種形狀如動物、花草、金麻將、金名片、金幣…等，皆能吸引不少顧客配合販賣，當然能有可觀之業績收入。如果舉辦鑽石大展那更會吸引大批婦女睜大眼睛，前來觀賞。

● 發明展

爭取每年發明巡迴展，展現最新專利發明品。

高雄大統百貨經常每年舉辦，同時展現得獎作品及獎牌，記者特別喜歡報導這一類消息，可吸引更多顧客上門。

● 釣魚展

介紹最新的魚具釣物、有關設備器具，展示魚拓，舉辦演講、教顧客如何釣大魚。

● 洗澡專科

包括肥皂、浴室用品、毛巾、溫泉浴、藥浴、護膚品、浴缸、SPA…，找名牌廠商合作，加以組合共同推出展售。

2012 年日本推出「羅馬浴場」故事，一時電影、漫畫書等風行國內外，引發傳媒大肆宣傳，掀起一股溫泉、SPA、澡堂的風潮，把日本與古羅馬的洗浴文化發揮得淋漓盡致，同時帶動許多相關商品流行。

- 美食節

  如美國美食節、新加坡美食節、世界各國美食節等等皆能促進店面熱鬧，增加銷售業績。國際性美食節最好有各國駐台單位配合，不僅有道地的美食和文化表演，還有經費補助。
- 家電展售會

  現代生活離不開家電，新的樣式功能不斷開發，家電展售很受歡迎，國際牌家電一年一度大展，經常有 4、5 千萬之業績。
- 音響大展、圖書大展、動漫展

  利用大展覽場，作大規模的專業展售，如音響中的 CD 是熱門商品，最好還配合唱片公司派歌手蒞臨現場、歌唱表演，這種展覽最受年輕人歡迎。

  在暑假期間舉辦圖書展也可吸引不少人，由於一般圖書展辦得太多太氾濫，因此要辦圖書展一定要有主題、有特色，例如請名嘴來講談、邀名畫家、名漫畫家來簽名，有動漫人物化妝表演、展示名作品、有獎評選、暢銷排行書…等。
- 電腦大展、多媒體展

  電腦是現代科技產物，用途廣泛，日新月異，年年不斷推陳出新，每一次電腦展皆能吸引大批顧客，是最熱門的展覽。加上網際網路與多媒體活躍應用，更加多彩多姿。

  爭取舉辦蘋果電腦新品發表會，會有許多蘋果死忠粉絲前來排隊，舉辦電腦軟體說明會或定期電腦課程教室。
- 時裝發表會、泳裝發表會

  在每個季節開始的介紹期內演出 Fashion Show，可招待主要顧客，進行新品介紹。模特兒的選擇及場地的佈置都會影響品質，一場高水準的 Show，門票再貴也有人看，而且看的人會很多。一場成功的演出，要看主題、場地及演出者名氣。
- 皮革展

  把有關皮革的商品聚集一起展售，如皮衣、皮包、皮鞋、皮帶、皮飾…等，通常有很高的評價。

  大陸浙江海寧的皮革城名聞遐邇，全市皮件加工業特別發達。
- 昨日、今日、明日

  黛安芬第一次在臺上市時，曾舉辦「黛安芬內衣的昨日、今日、明日展」，展出 19 世紀德國女子的內衣、現代流行的女內衣以及未來的發

展趨勢。

- 幽默攝影展、最新攝影器材展

  配合攝影器材展,在會場有幽默照片展覽,以幽默為主題,全省公開徵展並有獎賞。前來觀看的人會捧腹大笑,看多了一般美的作品,換換口味亦有很大的收益,同時也促銷了攝影器材。

- 汽車百貨展

  可以和汽車公司、報社合作,展現最新汽車及汽車用品,生活水準提高,大家都有車子,因此與車子有關的種種訊息,都是大家所關注的。

- 建築材料展、生活起居用品展

  新的建材不斷推出,與現代生活息息相關,可以改善居住生活。

  配合與生活相關的商品如家具、室內擺飾品、廚房、浴室等用品,國產品及進口貨很多,可聯合工會、報社共同舉辦,展出方式以劃分攤位收租金為宜,各廠商良莠不齊,特別要注意簽約、注重管理。

- 應節禮品大展

  一年中有三大送禮的節日:端午節、中秋節、春節,習俗不能免,各式各樣禮品展售在大會場,讓顧客好好挑選。一般大百貨公司都印有禮品專刊並有專車配達,有的還在飯店大廳設禮品展售區。如果商品都與別家相同,那就只有拼價格的份,因此禮品要有 20% 的獨家特色,注重禮品包裝,讓送禮者有面子,受禮者滿意。

- 萬花大會、飛禽大展、寵物大展

  93 年恐龍大行其道,各式恐龍有關的大展皆能吸引大批人潮。展歸展,別忘了配合相關商品銷售。

- 50 年前老店大集合

  大都以糕餅店為多,迎合上年紀人的口味,讓他們回憶往日的生活情趣。

  各地皆有不少百年老店,可以多用心去發掘利用。

- 海產大會

  配合漁會、漁業管理處,壓軸大戲是生魚片大請客,免費品嚐魚翅或海產粥。

  大陸大連水產加工發達,產品包裝也有國際水準。

- 啤酒大會、洋酒品嚐大會

  最好是在爸爸節舉辦,有兔女郎在現場服務,如果有阿拉斯加千年大冰塊更好。

會場一定要附設佐酒零食，顧客方便、公司也賺錢。

- 開店 100 人或 1000 人聯合大剪綵

  以大賣場或超級市場最恰當，邀請商圈內的家庭主婦來參加剪綵活動，給她們留下一個難忘的回憶，變成公司忠誠的顧客。

- 新鮮人初入社會用品服飾展

  六月份是畢業生步入社會的開始，為了給人好印象，新的服飾及用品是必要的。甚至在 5、6 月百貨公司還會到各學校作服裝表演。

- 狗年送名狗、狗之大展

  狗是人類最喜愛的寵物，名狗種類多，進口純種名狗身價高昂、人人喜愛。

  知名漫畫「家有賤狗」，其中的狗主角風靡一時。高雄有人養了同樣的狗，還上電視表演。

- 機器人大展、玩具大展、夢幻之展

  拜科技之賜，機器人幾乎可以亂真，有一次機器人瑪麗蓮夢露來台展覽，不但表情豐富，還會唱歌，維妙維肖。

  狗年邀請機器狗樂團來店表演，用狗聲唱出天籟。

  聖誕歌曲必定大受歡迎，尤其是小朋友拉著父母前來觀賞，這就是吸引人氣。

- 聖誕園、聖誕用品、飾品、聖誕老人大集合

  在店前樹立一棵超高大聖誕樹，配合全店氣氛裝飾燈飾、聖誕卡等。

  美國白宮在每年耶誕節前必定豎立一棵大聖誕樹，並邀請總統點燈。

- 花展

  名貴花展、插花展，邀請插花協會或名插花家合辦，其流派有西洋插花、小原流、草月流較出名，大型展可收門票。

3. 趣味活動

- 冰宮、冰雕、冰柱展示

  設冰宮、冰雕展、在大冰塊內放花供欣賞、在冰塊內放彩券、銀幣等冰塊，融化後讓顧客拿取，有些顧客等不及，用手去摸去挖，非常有趣。

- 腕力比賽

  分組比賽，看誰的腕力最強，發給獎品、獎牌，利用節日舉辦。

- 劈甘蔗比賽

  純地方風味，拿甘蔗刀看誰能一刀將甘蔗劈為兩片，或劈片最長者得冠軍。

- 大聲公比賽

  源出於美國德州，以往在德州某地方每當傍晚，母親立於家門前大聲吼叫其丈夫及兒子回家吃飯，進而有人拿它作為大聲公比賽，有分貝機可測出誰最大聲。

  如用於母親節可叫做「我愛媽媽大聲公比賽」，誰最大聲誰得獎。

- 春天香味大開放

  配合春天鳥語花香季節，利用門市出風口，擺放香精罐，全店就會有香味，配合鳥鳴聲洋溢一片春之聲。

- 春天的喊吶

  舉辦迎春歌唱大會，邀請搖滾歌星助陣，現場 High 翻天。

  台灣墾丁的「春吶」已漸漸國際化。

- 相命大會

  利用春節時，大家都希望有一個新的好年，趨吉避凶，故集合各地相命好手，展開相命大會，必定能吸引很多人潮。會場佈置一定要有玄妙、神秘氣氛。

- 新年倒數計時

  這是一項全世界性最有意義的活動，在每一年 12 月 31 日夜晚舉行，當午夜年度將結束的最後 10 秒，大家倒數齊喊至 0，相互道賀新年快樂，一起迎接新的年度來臨。例如紐約時代廣場、悉尼鐵橋、臺北 101 煙火、香港蘭桂坊…等。

- 貓王大賽

  貓是人類寵物，舉辦貓的展覽可吸引人潮，採用貓王名稱有雙重聯想。貓的種類要多、場面要大，最好請貓飼料公司贊助。

- 立蛋比賽

  傳說在端午節正午時令，可將雞蛋豎立。因此可以選好地點，擺放雞蛋，提供大家去玩立蛋遊戲。

  也有拿駝鳥蛋來玩立蛋比賽，新奇有趣。

- 包粽子比賽

  比賽時間限定在 5 分鐘內或是 3 分鐘內，誰包最多粽子就可以得獎。這個活動可以在店頭舉辦，以吸引人潮，同時也帶動應節氣氛。參加者不論包多少，都可以帶回家，皆大歡喜。

- 打領帶比賽

  在爸爸節舉辦此項比賽很有意思，比比看哪位爸爸打領帶最快，領帶公司也很樂意提供商品及獎品。

- 樂高世界巡迴展

  一年一次，每一次皆有主題，容易吸引兒童前來。

  前一陣子流行百變金剛，樂高就推出大型樂高金剛，轟動一時。特別留意當時的社會流行話題。

- 繪圖比賽、寫春聯比賽、兒童畫展

  兒童千人大集合寫春聯比賽，他們還可能會回來看是否入選得獎，畫展亦同。現在學校很注重美術、音樂、藝術教育，得獎愈多，對將來升學有莫大的幫助。

- 生日禮物是「誕生日新聞」

  配合報社找出友人誕生當日報紙，並複印一份作為友人生日的禮物，告訴友人他誕生的這一天，世界上發生什麼大事。

- 空中飛行招待、客船旅遊招待

  配合區運大會，舉辦空中觀賞區運，或是配合輪船公司旅遊名勝。

- 海盜夜闖大商場

  17 世紀名畫「夜巡圖」，出自荷蘭偉大畫家林布蘭創作，如今荷蘭某大商場演出這場穿越時空的行動劇，演出人員身穿當時服裝，由隊長領導一群民兵，最後圍捕到小偷，地點正在中庭梯口，此時上方落下大畫框，落地後框中景象正是夜巡圖的再現，這種創意的手法行銷活動，博得現場觀眾的滿堂喝采。

- 爸爸節請爸爸當大亨

  從彩券中抽出幸運的爸爸，公司派大禮車伺候，並招待吃大餐。

- 製造新紀錄

  如選出最長壽爸爸、媽媽或頭髮最長，或是最大的月餅、領帶、最長的壽司、臘腸…等。

  在台中麥當勞開館時，櫃檯前掛有一塊電動計數表，廣告稱希望大家去買麥當勞，來共同創造一日購買數，打破世界金氏紀錄，想當然耳，當天果然超過目標，新聞媒體大肆報導，轟動一時。

- 數鈔票新紀錄比賽

  誰都喜歡數鈔票，某電視台播出數鈔票節目，表演特技讓人目瞪口呆。

- 一人一樹開店紀念

  大商場一般都有大廣場及大停車場，3月12日植樹節響應綠化活動，每一顧客送1棵樹苗，親手栽在廣場上，樹前並留有名字，這是一輩子的紀念物，當然也忘不了這家店，每一年還可以團聚一次。

- 美女與遊艇

  宣傳泳裝讓美女站在遊艇上身穿泳裝，在市區遊行，並於店外展示供拍照或參觀遊艇。遊行時事先要申請，並注意船桅的高度，安全第一，可以和遊艇公司洽談。

- 煙火大會

  夜晚7點起，大放煙火慶祝活動。香港的維多利亞港有很出名的大規模煙火表演，費用很高，可用電腦控制點火，爆出很多種花樣。

- 中元節祭品包裝大競賽

  由店內各有關部門作祭品包裝比賽，全部展現在中元祭品展售會上。

  中元節是量販店的天下，大批量、多又便宜的祭品生意幾乎被量販店搶去。

  最近流行玩「擲筊」，規定期間內得「聖杯」最多的前3名可得大獎。

- 免費巴士載客服務

  大出清期在店內及外地交通點設立巴士站，免費載客來店購物，順便在市內遊玩。如果巴士有特殊的造型，會更加受歡迎，例如三藩市的Cable Car。

- 刮刮樂、點券大贈送

- 扮酷哥，比看誰最酷

- 涼爽用品展、禦寒用品展

  涼爽用品有太陽眼鏡、涼鞋、涼帽、洋傘、麻製品、涼席、短褲、T恤、泳衣、潛水用品、太陽傘、涼椅、冰桶、電扇、冷氣機…等。

禦寒用品有白金懷爐、瓦斯爐、毛帽、長統鞋、棉被、睡袋、毛褲、厚夾克、電暖器…等。

- 奇珍異獸展、貓王秀：

  利用暑期舉辦，展出可愛、奇異的動物，動物園很少看到，小朋友可以和可愛動物合照，如配合表演更受歡迎。如畫眉鳥展、會說話的鳥展、大蛇展、奇異的動物展，注意避免展覽保育類動物，以免觸法

- 小抄秘展：

  莫斯科曾經辦過一次，把古今各考場出現過的各樣小抄展出，吸引媒體報導。

- 成人性的保健展覽：

  集古今中外有關性的文物，展出千奇百怪的物品，配合政府宣導防治性病、愛滋病，加上世界級的情趣商品，必定能吸引不少人群。

  改變以往觀念，認為不正經的人才會來看，現在「不來看的才是不正常」。

- 入學、返校用品展，祝賀升學金榜題名

  設立專區，展售開學用品，如學生服、書桌、文具、寢具、電腦、音響、運動器材、生活起居用品〈特別是到外縣市求學者〉。

- 香水大集合

  世界名牌的香水大集合，從最昂貴的到最便宜的，展出地點香噴噴，還有聞香大賽，適合在情人節舉辦。

- 戰爭模型大競賽

  伊拉克戰爭刺激了玩具模型市場，由顧客買模型去組合一個戰爭的場面，作品公開評選展覽，優勝者有獎。

- 拼圖大賽

  幾分鐘內先拼圖成功者有獎，可邀請業者參加。

- 骨牌紀錄

  選一定點大規模排骨牌，時間一到全部推倒，過程緊張、有趣。

- 刀劍展

  以古時代的刀、劍、槍、炮展售，引起大眾好奇。

  如展出明朝的「紅衣大砲」，說明當年重創清朝努爾哈赤的歷史故事。

- 扮鬼臉比賽

  在歐洲每年皆有扮鬼臉比賽，誰最怪得大獎，媒體最喜歡報導這些新聞。

- 古文物、古文化文明展
  如埃及的木乃伊展曾吸引大批的觀眾。
  大陸的兵馬俑展亦很稀奇，但仿製品看多了對真品反而不稀罕。
  舉辦古文明展要有權威性，最好與該國相關單位合辦，首次的展出愈稀
  奇愈好，可能會產生一筆可觀的保險費用。
- 與故宮、各大博物館聯展
  借重國家級機構，注意展期，隨後接辦。
- 元宵燈謎大會、元宵現場表演
  謎題有深有淺，獎品豐富以生活用品為主，會後公布謎底。
- 燈籠、花燈展覽
  每年元宵人山人海，觀看上元花燈，百貨公司亦可全店掛上花燈供大眾
  欣賞。
- 郵票、鈔票、獎券大展
  配合集郵冊、用具、古董郵票買賣。
- 古董、古玉大拍賣
  要有地方傳奇特色，如大陸新疆和田、遼寧的岫岩。
- 喜從天降
  開幕日在商場舉辦，事前宣布時間地點，到時從屋頂拋下彩票，獎品多
  樣。
  最大獎是高額禮券，此活動必定轟動，但要注意安全，避免有人受傷或
  吵架。
- 夾米比賽
  三分鐘內夾白米粒最多者得勝，根據一項最高紀錄，三分鐘內可夾 78
  粒。賽前要備好碗具、筷子、白米
  粒、長桌，最好邀請知名農會協辦。
- 最貴的眼淚
  選定母親節，三分鐘內滴下幾滴感動
  的淚水。

- UFO、宇宙科學展
  與 UFO 學會聯合舉辦，現場有圖
  文、模型、影片放映、專家演講。
  現場展出 UFO 模型，內部展示外星
  人模樣，具有吸引力。

- 新書、漫畫家簽名會

  邀請當紅新聞人物出席，為新書發表做活動。
- 捐血車活動

  與紅十字會合辦，贈送好禮吸引人，又贏得熱心公益的聲譽。
- 母親節，千人為媽媽洗腳

  搭配足療相關行業，推出活動，一定能感動人們行孝。
- 拜拜節日，擲筊比賽

  三筊相同完全免費，要求廠商配合、提供商品。

真假人合影

- 機器人比賽

  高科技電子機器人競賽，邀請各學院參加。

  仿真機器人展覽，曾經在國外博覽會展出。

  讓顧客在某季節裡有特殊感受。
- 茶與咖啡聯合大出擊〈咖啡節〉

  茶與咖啡是現時生活最受歡迎的飲料，愈喝愈精、愈講究，收集多種品牌舉辦試飲，必能吸引同道愛好者，還可當作高級禮品。
- 協助孤兒院、育幼院

  可使社會大眾有好感，抓緊公眾目光，不可或缺。要注意時間與對象，不要表錯情。
- 籌劃公益活動、參加環保、綠化運動等活動，提供獎學金、慈善等活動，宣導體育活動，組團參加。
- 提供美化物、公用物給政府在市區重要地點陳設

  如紀念鐘塔、垃圾箱、路標、路橋、消防車。
- 世界壞蛋大集合

  集合電影上的恐怖人物，例如倫敦狼人、科學怪人、殺人魔、木乃伊、吸血鬼…等，配合聲光演出，當可吸引人潮，場地約需 100 坪，須門票始能入內參觀。

  如在西洋萬聖節〈鬼節〉展出則更理想。
- 大相撲、棒球明星、運動明星表演會

  邀請職棒明星來店，則他的後援會將有一大批人前來，如邀請大相撲，則可讓顧客看看龐然大物之雄姿。
- 世界民俗舞蹈表演

  配合各國觀光宣傳及舉辦物產展，邀請各國代表性之舞團來店演出，同時讓顧客看到各國之文化表演如泰國舞、印度舞、日本大鼓、蘇格蘭風

笛…等。近幾年來出國旅客多，因此各種文化表演是很吸引人的。

- 商品週

  一年有 52 週，每週排定某一名牌商品輪番上陣，在大型量販店最為恰當。

  如統一週、康師傅週、美的家電週…等，舉辦時不僅商品有特價，還有贈品抽獎。

- 內衣發表會

  女性最新流行內衣、家居服等之發表會，能把女性之美，嫵媚表現出來。

  演出時不能有男性顧客入場，否則會成為牛肉場。同樣的也可以做男仕內衣秀，各式性感的男內褲也滿有趣，甚至是古老的男內褲。

- 組隊參加競賽活動

  每年端午節有龍舟比賽，每次比賽大都有 TV 轉播及大批觀眾，利用這機會向大眾宣傳公司名氣，何樂不為。

- 店頭單槓引力大賽

  每年運動大會都有全國好幾千名選手集會，如某一年正好店之所在地舉辦，那也可以來個趣味性的運動比賽。例如引力大賽，拉最多次的前幾名得獎；或比伏地挺身、玩呼啦圈…等生動有趣的競賽。

- 烏龍商品

  兩種商品之價格貼錯，將錯就錯通通便宜賣，偶而幾次擺烏龍也不錯，很討顧客歡喜。

- 賽豬、鬥蟋蟀

  豬年辦豬展，找小豬刻意打扮，設置障礙物讓豬競走，這類輕鬆話題記者最喜歡，顧客也愛看。

  要留意豬的臭味，隨時清除排泄物。

- 夫妻臉比賽

  利用母親節或父親節舉辦夫妻臉比賽，夫妻共同生活一久自然臉型趨似。

  大陸大連勝利百貨有一年舉辦夫妻臉比賽，第一名夫妻看起來如雙胞胎，主辦單位特別送他們到新加坡旅遊，在當地也造成新聞。相同的父子臉、母女臉比賽也可舉辦。

- 電腦對獎

  以電腦來公布獎項，凡顧客購物 XX 元即可參加，手按電鈕，中獎立即送獎。

- 名牌汽車大贈獎

  現代生活水準提高，人人希望有車開，可以和汽車廠商合作，公司提供場地，展出新車並大篇幅廣告。廠商提供汽車當作大獎，此種活動很受歡迎。

- 肺腑之言
  - 以可大可小可聯合活用，建立檔案下次做參考。
  - 每一種活動生命期不定，不宜曝光過多，有的見好就收。
  - 善用起爆劑，多培養成大局。
  - 多參考國內外範例可予以改良、轉用。
  - 別忘了業績第一，不能叫好不叫座。
  - 不好的商品會殺死廣告，不好的活動不如不辦。
  - 別人做過的絕不緊接著做，自家剛做不宜連續做。
  - 提早計畫，早一點準備，免得到時手忙腳亂，漏洞一大堆。
  - 運用廠商力量，四兩變千金，運用公家團體力量，則能事半功倍。
  - 辦什麼就要像什麼，不能草草了事，否則將增加顧客的壞印象。

4. 中小型活動：

- 日薪萬元徵一日店長

  開店或特別節日公開徵求募集，每日不同人，並做每日營業成績競賽。其活動標題是：「徵求日薪一萬元店長」，時間共 10 天，每天徵求一名店長，10 天後公布誰的業績最高，也就是當店長那一天他所做到的成績〈他要幫門市各部門拉生意〉。

  如果最高則可領到一萬元的日薪，其他名次則遞減，最後一名只領到日薪 100 元。當一日店長也很有趣，公司派車接上、下班，身披紅彩帶，在店內各部門巡視，煞有其事，當然也拉了不少親朋好友來捧場，甚至還有全家動員來幫助。

  注意日期之選擇要公平，參加者簽約。

  邀請知名人物當一日店長，包括明星、歌星、專家、名流⋯等駐店。

- 迎新年，新加坡牛車水商街燈飾「萬馬奔騰」
  新加坡牛車水商圈，每年元旦前即推出應節燈飾活動，2014 年正值馬年，推出「萬馬奔騰」燈飾活動。
- 新年倒數計時活動
  每逢新年元旦，在前一晚上舉辦新年倒數計時活動，這是一年一度的盛會，會吸引數十萬人潮。活動前商場延長營業時間至深夜 12 點，配合推出 End of Year 特別企劃的 Bye Bye Sale，都有亮麗的業績。

5. 大型活動

- 臺灣的大拜拜──「換季大出清」、「週年慶」
  換季大出清是臺灣百貨、服飾業的最大豐收季節，一年分冬、夏兩季大出清，並以五折起為號召，將快過時的男裝、女裝、童裝、運動裝統統掃空空，時間約一個月，過後即有下一季的服飾登場。臺灣的四季不很分明，因此春秋兩季沒有很明顯的活動。
  週年慶近年來超過大出清，一開始當天早上門外即擠滿來自各地的顧客，開門後各樓人潮不斷，以化妝品最狂銷。
  週年慶廠商連夜補貨，有的甚至還趕工快速供貨，每天業績可能超過億元台幣，一次成功的大出清必須注意下列幾點：
  ※ 足夠的庫存商品。
  ※ 恪守一年一次的「週年慶」和一年兩次的「大出清」──即冬季大出清、夏季大出清。若常常有打折活動的商店，絕對辦不好大出清。
  ※ 不能欺騙顧客、提高價格再打折，或是劣品打折，這些做法都會埋葬自己。

- 美國的大拜拜——「清倉大傾銷」

  W.S (WAREHOUSE SALE) 利用倉庫來傾銷在庫品，在美國的大百貨公司如三藩市的 MACY、洛山磯的 THE BROAD WAY 都有儲存貨物的大倉庫，這些倉庫之大，一次大約可停放十幾架 747 大客機。而大公司為了清倉，每年總要舉辦一次或兩次不計血本的大傾銷活動，地點就在這大倉庫內。到了開始那一天，遠近的顧客蜂湧而至，排山倒海就像是大拜拜一般。

  公司事先早就做好各種準備，倉庫外讓顧客停車的場地早就規劃妥當，並派專人負責指揮交通。倉庫內也像百貨公司一樣分門別類，有專人處理，這些工作人員多半是臨時工，保全人員也增多，結帳時還得檢查一番。同時在 2、3 個禮拜前就會推出很大的廣告。

  當顧客一進門，立即會被滿坑滿谷、令人眼花的商品吸引住了，樣樣都是喜歡的，而且又便宜，放眼望去好東西那麼多，若要衝進去買還有點困難。

  到付帳時，設在倉庫門口的收銀台一定大排長龍，付完帳倉庫外又是一個熱鬧的廟會，這才是真正的大清倉。此種方式在華人社會尚未出現過，值得業者參考。

- 英國的大拜拜——「哈樂士的 ON SALE」

  英國的哈樂士百貨公司是歐洲最負盛名的大百貨公司，每次的大出清都能引起歐洲各地顧客的光臨，在 ON SALE 的前幾天即開始預告，並在前一天晚上下班關門後即全店上上下下瘋狂大準備，吊的、掛的、擺的、放的全部出籠，等大致佈置打點完後，店長集合幹部人手一杯，以香檳預祝明天起的勝利。

  ON SALE 當天，店外人潮滿滿，一開門還有比賽誰最快買到的紀錄，並且年年打破。有一年比賽誰先到3樓某名牌商品前定位，居然有人不到一分鐘就衝到現場的紀錄。顧客上至王公貴族，下至平民勞工，大家聚集一堂，不分貴賤，你爭我奪，還有沙烏地阿拉伯的豪客專程搭專機來買。有一年還有人冒充收銀員，推來一架收銀機，公然在店內收起錢來，然後再溜之大吉，鮮事一籮筐。

- 日本的大拜拜——「年終大賣出」、「中元大賣出」

  日本各大百貨公司的「大賣出」也是一年中最盛大的一項活動，在大賣出的前一天晚上，結束營業、拉下大門後即開始工作，推貨架、收商品、擺商品、貼海報、裝飾佈置…等，都按原先計畫進行。清晨 5 點左

右舉辦「找商品比賽」，早上開門前店長一一檢查，朝會時一再打氣。早上一開門，大批顧客湧入，幹部們一夜沒睡，照樣打起精神。到了中午 12 點、晚上 6 點，店長仍不斷地留意各樓業績情況。

- 南非特展

  (1) 和南非大使館合辦，並邀請南非大使剪綵。
  (2) 進口南非各種食品、葡萄酒、特產、土產、紀念品、手藝品、乾燥花等，並在展售會中出售。
  (3) 邀請南非祖魯人現場表演，並在藝文場所盛大公演，免費招待市民參觀。
  (4) 介紹南非風光，由南非觀光局協助演出。
  (5) 會場一片南非風味、圖案、色彩，使參觀者如置身南非。

- 義大利商品展

  (1) 展示宗旨：
      促進兩國貿易合作。
      介紹義大利文化、科技及優良產品。
  (2) 展示地點：最好是百貨公司的展示場。
  (3) 展示時間：配合義大利國慶為佳。
  (4) 展出內容：
      A.義大利的昨日歷史文化（羅馬文明）。
      B.義大利的今日
        大型的風景海報、照片、服飾、皮鞋皮具、食品。
      C.義大利的明日
        展示有新科技發展的產品、藝術品、義大利服飾、工業產品、汽車。
  (5) 義大利商品展售
      A.商品分類：
        名牌服飾、精品、皮具、食品、化妝品、日用品、寢具用品、浴室用品、清潔用品、餐櫥用品、文具、書本、卡片。

B.商品來源：

自家進口、貿易商進口、義大利授權在中國製造商品。

C.會場佈置：

a. 義大利的昨日、今日、明日及商品展售四大區域展出。

b. 義大利羅馬、佛羅倫斯大理石雕像文物特多，規劃複製品展出。

c. 由展出公司負責佈置、規劃。

d. 設立舞臺供表演用，由服飾名牌提供演出，最好有來自歐洲的頂尖模特兒。

e. 會場設立精神堡壘及大標示牌。

(6) 全公司海報、各樓重點佈置、大櫥窗裝飾。

(7) 宣傳活動：

A.舉辦記者會，提供大量資料給大媒體報導。

▲佛羅倫斯的噴泉小豬。

B.舉辦大贈送及提供貴賓紀念品。

C.猜謎、試吃〈由義大利小姐主持〉。

D.開幕酒會請義大利駐中國大使參加剪綵。

E. 名牌服飾時裝發表會。

F. 航空提供來回機票。

G.義大利文化藝術表演團來公司表演。

H.義大利在華廠商多家全力贊助。

I. 佛羅倫斯的噴泉小豬很有噱頭，聽說摸摸牠的鼻子就會帶來好運。可以讓顧客去試試電影羅馬假期的「誠實之口」。

- 日本九州文物展
  (1) 目的：
  日本九州島民俗聞名、特產豐富，然而一般人只知道東京、大阪，對九州島的認識不夠。九州島是日本最早接觸外來文化的地方，風俗民情歷史悠久，因此舉辦九州展不但有新鮮感，且具有吸引人們來店參觀的條件。
  (2) 合辦：百貨公司、福岡縣物產振興會〈主體〉及其他縣物產振興會。
  (3) 時間：5 月〈農產品旺季〉。
  (4) 地點：百貨公司展售場。
  (5) 商品：

  食品：糕餅、糖果、米果、香菇、海產、農產加工、明太子。
  博多人形、木屐、手工織品、手工藝品、陶藝品、茶具組、刀具、小家電、文具、玩具、真珠、鑰匙圈。

  (6) 活動：
  博多人形現繪、壽司製作表演、試吃。
  算盤舞演出、機票大贈獎。

舉辦大型活動，重點提示

1. 目的：說明舉辦的理由，簡潔有力。
2. 合辦：國際性活動最好與政府有關單位合辦，公信力較好，配合航空公司、民間社團、文化社團。
3. 時間：要選對時間、季節、生產旺季、紀念性節日…等。
4. 地點：場地要大，有適合的表演地點、器材、照明燈光，具備展示架〈台〉、入口出口、參觀購物動線、主台裝飾。
5. 商品：綜合百貨、食品、服飾或針對某特定商品。
6. 活動：
   (1) 親善小姐拜會活動，拜會地方首長、報社或慈善團體，這些活動有上報機會，能促進知名度。

(2) 文化表演或交流可吸引大批顧客觀賞，提高公司國際形象。

　　(3) 記者招待會。

　　(4) 贈送贈獎活動。

　　(5) 現場表演、實際演出、手工製作。

7. 預定採購量、銷售天數、銷售預算。

8. 廠商協力：展售商品不要全部都自家產品，能借助廠商及代理商協助最為理想。

9. 排定行程表：全程時間表、表演時間表，表格列明人手一份。

10. 工作分配：分單位各司其職，附檢查表，大小事項一條條列出，並逐一施行。

11. 費用分配：向合辦單位爭取費用，廣告收入，自家費用等事先說明談妥。國際參展人員之交通、住宿、餐飲，接待要有專人負責，表演時間安排、控制，國際機票、表演費用、保險問題最好由對方負擔。

12. 展銷期間現場維護、商品補充、人員訓練、表演秩序、清潔工作、宣傳工作都保持高度警覺，不能鬆懈。

13. 結束、歸檔：

　　(1) 商品歸屬、退件處理，器材、器具收納或準備下一場再用。

　　(2) 全部過程建檔，待下次參考。

　　(3) 寫信答謝合辦單位，論功行賞、改進缺點。

忌諱小地方：

1. 最怕壁面、器具上或柱子上亂貼雙面膠。

2. 天花板亂釘海報，手摸的黑印，釘針一大堆。

3. 電線亂接，影響安全問題。

4. 器材器具生銹、脫漆、髒亂。

5. 花籃東倒西歪。

6. 地板亂貼字，清潔工作做不好。

7. 參展人員服裝不整，五花八門，且在門市抽煙。

8. POP 失控亂貼。

9. 時間未到即撤櫃收拾商品。

10. 用美工刀在玻璃上割字。

11. 在會場吃東西。

12. 招待來賓要周到，接洽外來參展人員，依約執行，不可失信。

10
活動

所謂活動 (Event) 就是將全年行銷販促活動加以計畫，創造各種活動促進銷售。

活動型態	活動性質	活動性質內容
全公司性活動 Store Event	1. 季節活動	冬貨、夏貨降價大出清/暑期活動
	2. 節日慶典活動	春節/中秋節/母親節/爸爸節/情人節/兒童節
	3. 專題企劃	週年慶/盤存/大贈獎/大贈送
	4. 聯合活動	關係企業合辦/相關同行共同合作
	5. 信用卡、會員卡	會員優待日/同樂會/招待會
展示場活動 Exhi Event 步行街活動 Pedestrian Event	1. 文化性	中西書畫/攝影展/花展/文物展/發明展/科學展/文化教室/盆栽展
	2. 物產商品展	國內外物產展/內外銷商品展/國際性商品展
	3. 禮品展	中秋禮品/春節禮品/珠寶展/耶誕展
	4. 綜合性	兩以上不同性質活動同時展出
	5. 綜藝性	歌唱大會/舞蹈比賽/民藝表演/才藝表演/服裝發表會
樓面活動 Show	1. 實演 Demo	現場示範表演試吃試飲試用小型服裝 Show
	2. 展售	為某類商品或新商品在現場特別展示並銷售
	3. 特別組合	為某關連商品群在現場組合展售
	4. 特價 On Sale	在某特別點降價出售 過期品出清
公眾造勢 Public Event	1. 公益活動	與社會大眾打成一片，人人為我我為人人
	2. 慈善活動	參與慈善活動回饋社會
	3. 大眾焦點	以大眾所注目的社會焦點引發話題造成時勢

行銷販促活動注意事項

● 「造勢」的表現——

利用媒體：以新聞紀事報導為最重點，並配合電視報導或是雜誌報導，加上公司自家廣告。

利用口傳耳語：大家告訴大家，一傳百、百傳千。

廠商配合：利用廠商力量，整合推出。

公家機關：利用公家的預算，雙方合作推出。

舉辦公證會、座談會、發表會。

● 要造勢不要肇事——

凡事都要考慮前因後果，每一次造勢活動要慎密計畫，千萬不能玩火，以免自焚。

要看時勢順水推舟，不可固執頑抗。

平時就要建立各種聯繫管道。

委託專業公關公司處理大型造勢活動，公關公司有其專業經驗，有良好管道。

不要做假、虛偽、騙人。

一、行銷販促活動介紹如下

特賣

1. 特賣活動 (Sale、Bargain、Bazzar)

   這是最原始但不一定有效的一種販賣方式，將某種商品，陳列在一定點或某範圍，甚至全店，在限定時間內，降低售價賣給顧客，其目的如下：

   (1) 利用特價、打折、吸引大量顧客來購買，提高業績，達成目標，兼而刺激一般商品的連帶銷售。

   (2) 促進商品回轉，資金靈活運用。

   (3) 處理在庫過多品、滯銷品、過流行品、有破損、尺碼不全…等商品。

   (4) 配合廠商、代理商之政策或廣告活動。

   (5) 配合週年慶，具有感謝顧客之效果。

   (6) 應付同業之競爭。

   (7) 巧妙利用適當時機、節日、社會新聞焦點，作特價活動、創造業績。

2. 換季降價大出清〈大拍賣〉

   每年冬夏兩季，各將快過時的男裝、女裝、童裝、運動裝削價出售，配合龐大的廣告活動，全面動員，可以說是一年中最大規模的特賣活動，一般以 5 折為號召，還有低至3折。

3. XX 大特價：

   配合節日，選定某商品、商品群或相關產品，在限定天數內活動，以特別便宜價格出售，時間一過即恢復原價，一般時間並不長。

4. 僅售 X 天、僅售 X 小時、僅售 X 分：

   在美國最常見的特賣方式，利用報紙、Circular，非常受顧客歡迎，歷久不衰。

   在臺灣第一家應用的是大統百貨公司，因大統剛開幕時的經營方式是採用美國西爾斯 (Sears) 方式，所聘請的西爾斯顧問群把美國人使用的一套搬來運用，每次推出皆很成功，大受高雄地區顧客歡迎、搶購。

5. E.O.M (End Of Month) 或 Y.E.S (Year End Sale)

   月底大清算或是選擇年底舉辦「年終大特賣」活動。

6. 買二送一 (Two For One) 買 X 送 X

   如 HANG TEN、GIORDANO 經常舉辦買兩件 T 衫送一件的特賣活動。

7. 限量限件特賣

   限制數量或件數銷售，顯示商品不多，期望及早搶購。SONY 的 PS-3 產品就採用此方式，物以稀為貴，發售日店門口大排長龍。

8. 門市各部門特賣接龍

   安排各部門在不同日期舉辦特賣。

9. 精選 100 種熱門商品特賣

   特別精選 100 種好又便宜的商品，特別價格推出。

10. XX 節大優待：利用節日，無節做節。如購物節、春節、情人節、光棍節。

11. 週年慶、年中慶、開幕滿月慶大活動。

12. 改裝大拍賣：每一段時間商店就要改裝，利用改裝前一個月舉辦商品大拋售。

13. 結束大拍賣：店租到期結束營業，全店瘋狂大掃空。

14. 災害品大處理、水漬品大拍賣

    因發生火災或發大水而致使商品受損，挑選尚可使用品，以非常低廉價格拋售。

15. 球隊冠軍大請客

    日本西武職棒隊每次球賽贏得冠軍，西武百貨即瘋狂大打折，顧客人山人海。

16. 倉庫大出清

    在美國各大百貨集團都有所屬大倉庫，在每年的某時間就直接利用倉庫大出清。

17. 跳蚤市場：商品不一定好，中古品亦有，以特別便宜價格來吸引顧客。

18. 每日一物：遠東百貨首創每日一物，剛開始效果很好，做久了就沒吸引力了。

19. 日替接龍

這是日本的特賣方式之一，選定某些商品，以每日不同商品交替，輪番接龍特賣下去。此種方式最適合運用在超市、量販店。

20. 打折降價

在美國是 10% OFF (9 折)、50% OFF (5 折)，在日本是三割 (7 折)。

國內商店特別喜歡打折，甚至有些商店幾乎天天在打折，造成低價格形象。

21. 點券、折價券、兌換券

凡購物滿 XX 元即送點券或折價券、兌換券。

將點券積集到 XX 點 時即可換贈品，或再購物時可抵 XX 元用。

折價券、兌換券則下次購物時可使用。

另一方式是利用報紙、傳單或郵寄品等宣傳資料上附折價券，憑券購買指定商品時，可享受 XX 元之優待，兌換券亦同，有時還可換贈品。

22. 顧客回娘家

公司週年慶對 VIP 顧客發出贈品券，憑券到公司贈品處領取一份禮品，禮品皆經精心設計，讓顧客每年都期待。

23. 神奇 1 元特賣活動

凡購物滿 XX 元即可至神奇一元特區以一元選購特選商品。

24. 套裝大優惠

買 XX 商品再添 XX 元，即可買到套裝商品〈特別便宜〉。

25. 產地直銷：直接由產地運銷，沒有經過中間商，價格當然便宜

26. 早安市場、晚安市場

在特定時間內挑幾樣商品特別便宜賣出，要注意銷售對象、選對商品。

27. 名牌商品週

全年 52 週分配給著名商品，要求廠商全力配合舉辦 XX 商品週，撥出一個好又顯眼的好地點，期望能創出好業績，嚐到甜頭。這樣下次廠商的意願就會高，別家也爭取要舉辦。

28. 封館大特賣

特別選在週年慶前一天，只允許 VIP 會員入店先享受特惠活動，有亮麗的業績。

29. 福袋大放送

這是日本大百貨公司為答謝顧客一年來的惠顧，每年歲末推出福袋大放送活動。袋內商品包裝好封袋口，大都是日用品，如每袋售價 100 元，保證價值 150 元以上。還有一獎、二獎、三獎、幸運獎（大獎有汽車電腦才有吸引力，寫好名稱用紅包裝好，事後領獎），事先公布發售數量及獎項，賣完為止。每年 12 月 31 日開店後推出，經常大排長龍。

30. 猜球對色還本

箱中置放 10 種色球，顧客購物滿 XXX 元即可摸彩一次，次次有獎，連續摸對 3 次即可還本。

31. 買 1000 送 300

此種特賣方式最早從臺灣開始，凡顧客購物每滿 1000 元就送 300 元抵用券，下次再購物時 300 元抵用券可抵等值使用。一段時間後漸失效果，只有一些二三流百貨還在應用。起初送的 300 元再買時是有附帶條件的，即須購滿 XXXX 元才可抵用 300 元，如今是無條件使用，只要超過 300 元就可抵用，流傳到大陸後，卻大受歡迎，幾乎每家都在使用。

買 1000 送 300 適合在百貨公司於新開幕、週年慶、換季、業績壓力、自認適當時機應用，不適用在超市、量販店。

● 今以某顧客買一件毛衣 1000 元為例：

(1) 原 1000 元，毛利為 25%：百貨公司得 250 元，廠商得 750 元利潤。

(2) 今 1000 元送 300 元＝700 元＋300 元抵用券

(3) 百貨公司自己吸收抵用券 300 元，但向廠商要求此段時間毛利額提高到 40%。
   則百貨公司 1000 元 × 40% ＝400 元
   ※400 元－300 元（抵用券）＝100 元百貨公司實得
   廠商貨款1000元 × 60% ＝ 600元

(4) 表面上百貨公司損失 150 元，廠商損失 150 元，雙方皆損失 150 元，但實際上很公平，業績大幅成長，雙方都得利。

(5) 實際上百貨公司還有下列好處：
   A. 區間零頭（如 1000~2000 元間零頭）。
   B. 第一次購物時實得 40% 的毛利。

(6) 缺點：
   A. 顧客第一次購物時是全額貨價，還不如打 7 折。
   B. 抵用券金額愈送愈大，同業惡性競爭，廠商不願配合。

32. 明星二手衣、手包等特賣活動

   明星們的衣服、手包等多數都有品牌,粉絲們可以提前(錢)來排隊,爭取有限的號碼牌。當然要經明星加持才有信用,擁有明星穿過的衣服,絕對物超所值。

33. 內褲、毛巾秤斤賣,內褲、毛巾一條一元。

34. 金菜籃購物特惠

   賣場在早上開門時備有 100 個金菜籃,結帳時享有折扣優待,或加送贈品。

特賣應有的認識及注意事項

1. 特賣不一定是打折,凡降價行為皆是,它涵蓋特價、折價、打折、大出清、大優待、大贈送…等,只是名稱不同,意思卻一樣。

2. 特賣時要師出有名,名稱要確定,不能天天打折,讓顧客沒信心,等打折才買。

3. 時間要選得對,且不宜太長,時間若不對,特賣反而造成虧本。

4. 時間、地點選定,不要隨便變動。

5. 主力商品選定,商品必須有充分在庫準備。

6. 預算決定〈營業預算,販促預算〉。

7. 毛利確保,不能只光賣,不計成本。

8. 同業之情報反應。

9. 販賣員的教育,事先之預告,有關人員之聯繫。

10. 備品、宣傳品、送貨配達之事宜。

11. 每次特賣結束後之檢討,及整理資料入檔,以供下次參考。

12. 檢討銷售及販促費用之比較。

打折之後遺症

1. 打折是一種最原始、最簡單的銷售行為,但不能常常做,否則會使顧客失去信賴,商家失去信譽。

2. 商品品質,服務品質降低。

3. 顧客期待什麼時候再打折,什麼時候再買,平日則顧客稀少,賣場冷清清。

4. 廠商把定價提高,準備應付打折。

5. 越陷越深,越打越低,甚至有一折出現。

6. 引起同業競爭,相互以較低之折數拚鬥,兩敗俱傷。

7. 打折後業績不振,則損失更慘重,如打 9 折,則多損失 10% 收益,導致倒賠。

文化展示活動 (Culture)

現代的零售業，其經營型態有逐漸趨向兩極化之趨勢，高級化與大眾化更加明顯。在規模上有巨艦、巨炮式，有連鎖加盟的飛彈快艇集團。在大型店方面如百貨公司、購物中心，不僅是一個商品銷售中心，也是一個市民的休閒好去處。不僅販賣商品，也推銷文化。因此各項文化活動的推展也都不遺餘力，且具有社教的功能，其活動項目分述如下：

- 美術教室、手藝教室、語文教室、烹飪教室、文學教室、音樂教室、舞蹈教室、健康教室、攝影教室。
- 特別講座——爬山、遊泳、釣魚、滑翔、網球、高爾夫球、滑水、射箭、慢跑、旅遊、音樂、心理、人生、文學。
- 展覽及表演——藝術展、文物展、古董展、花藝展、科學展、異國展、旅遊展、商品展、物產展、音響展、寵物展…等稀奇古怪的展覽。
- 文化展所召募的會友都是該店的基本顧客，日本各大百貨公司都有上百班的教室在開課，有如補習班上課，這也是一大收入。

在日本各大百貨公司多設有文化會館吸收會員，有的甚至帶會員到國外購買珠寶。

實演活動（Demonstration）

以往的販賣方式大都是靜態的，不能有效生動地把商品推銷給顧客。展售、實演為現代新興的一種促銷方式，此動態的方式已逐漸成為現代銷售經營的一大支柱，它有效地教育顧客，具有說服力。例如在五金部門表演不沾鍋，展示菜刀；在電器部門表演吸塵器，播放音響；在服裝部門表演時裝；在超市部門則最為熱鬧，各種試吃、試飲、現炸現賣、叫賣…等。

筆者有一次在日本銀座參觀各大百貨，有幾家百貨活動多，人潮湧擠；有幾家因沒活動，顧客就少了很多。在馬來西亞吉隆坡，看到一家百貨公司在中庭設置拍賣區，現場更有 DJ 又叫又跳，氣氛很熱鬧。

在高雄大統的五金樓，經常有實演菜刀切菜，推銷員說，只要有實演，一天能賣出 300 支

以上。但如果沒實演，只是擺在貨架上，一天頂多賣出 3 支就不錯了。

一般商場都很歡迎實演的廠商前往，並給予好地點。想想全店到處在實演，當然全店熱鬧哄哄，還能帶動其他部門生意，全店業績自然提高不少。

印象塑造活動 (Image Up)

這是一種創造商店印象的活動，如高水準的商店、高格調的服飾店、時裝發表會、新商品發表會、訂購會、選美會、藝術品欣賞…等。

街頭表演

▲美髮業的爆炸頭宣傳車隊。

▲請注意模特兒頭上的廣告牌。

▲藝術銅人的表演。

▲西安小丑在街頭宣傳。

▲美國舊金山聯合廣場的街頭藝人，全身噴成銀色，乍看還以為是雕像。

第7章　商品陳列的演出

01
商品的陳列

陳列 (Display) 就是把商品擺放在設定地點，依設定的排列方式，把商品展現在顧客面前，讓顧客很容易很滿意地買到他所想要的商品。

一、陳列的基本五大條件

1. 看得到：顧客很容易看到。
2. 摸得到：顧客可以摸摸看質感。
3. 容易買：顧客很輕鬆愉快地買到自己喜歡的商品。
4. 容易選：具豐富感，顧客容易挑選。
5. 個性感：分類清楚容易懂，分色、分大小，明確區分每一項目，容易體驗到商品的好處。

二、陳列的要素

1. 陳列的品目：分類清楚、大小、價格、色彩區分。
2. 陳列的數量：考慮適量庫存、毛利利潤、暢銷品。
3. 陳列的手冊：明訂排面與陳列場所、品目逐項組合。
4. 陳列的面向：如何面向顧客、單面或多面組合。
5. 陳列的重點：表現重點主題、促銷商品。

三、陳列與裝飾的比較

陳列 Display	裝飾 Decoration
重點在商品是否看得到	重點在如何表現重點、展示主題
理性的訴求	感性的訴求
說明的、長期的	表現的、短暫的
商品自體的訴求物	商品特性、價值的訴求點
重視技能及作業性	重視技術與感性
管理作業人人可做	專門技術，特殊才能
重視整理整頓，好拿好排列組合	講究構圖設計、施工
大場面、量多、群花式	重點展示、一點紅

陳列 Display

02
V.M.D. 的認識

一、V.M.D. 的基本教材

《商品行銷的視覺演出》(Visual Merchandising) 前言：

由於時代的進步，販賣技術不斷地提高，在商場上「商品行銷的視覺演出」已成為最新的必要課程。

有關於「商品行銷的視覺演出」，其原則是對商品於賣場展開販賣，以及真誠的服務等，皆必須創造出商店給予顧客的總體印象。包含全店、各樓或是各部別賣場，都要考慮顧客的反應，對所販賣的商品給顧客的印象等等，都要考慮。

換言之，考量有什麼樣的商品應該準備？現在流行的是什麼？新的商品是什麼樣子？該考慮哪些商品的組合方法等，對顧客的觀點全面瞭解，然後才能展開販賣工作。

至於其他同業與自身格調的差別也要注意，各店有各店的特色，以販賣商品的好壞來比較的時代已經過去了，最重要的是以「商品行銷的視覺演出」之確立，才能分辨出本店與他店的格調高低。為了使全公司維持上面所提到的原則，全公司上上下下各單位都要徹底教育、瞭解，持續的實施才能成功。

有些時候常因缺乏教育、訓練，導致上令下不達而會錯意，上下觀念想法不一致，因此從事門市販賣第一線的工作者，亟需在門市工作上有一套標準商品行銷視覺演出的基本手冊，來做為大家共同遵循的依據。

二、V.M.D. 是什麼

V.M.D 是 Visual Merchandising 的簡稱，即是商品行銷的視覺演出。

三、V.M.D. 的必然性

V.M.D.它代替店員，把商品加以提示說明，並表達銷售與商店的主張，讓不會說話的商品，展現出它的存在是基於消費者的需求。

四、V.M.D. 的目的

V.M.D. 最終目的在於提高業績、並確立賣場及商店形象的訴求。

各專賣店所販賣的商品如果大多相近，而到我們專櫃的顧客很容看到、摸

到、選到他喜歡的商品，內心又舒適，那必定會一再光顧我們的專櫃。

1. 創造出整體統一並綜合的形象。
2. 作出獨自的形象。
3. 做出舒服、愉快、客人容易購物的形象。
4. 販賣效率（販賣的促進、業績 庫存量、回轉率的掌握、商品管理的方便性…等）必須提高。
5. 喚起顧客的需求，消費者的立場是希望能夠很輕鬆地瞭解商品。

五、V.M.D. 的種類

$$V.P. + P.P. + I.P. = V.M.D.$$

V.P.＝Visual Presentation〈視覺上的演出〉

　　利用在店面的大櫥窗，賣場重點裝飾台，把商品商標形象，店鋪形象強烈地訴加以演出，意圖引誘消費者上門購物。

P.P.＝Point Presentation〈商品重點演出〉

　　在店內的重點處，在裝飾器材上表現，訴求中心點的商品演出。
　　把商品的特性或組合性展現，使消費者的購買意願舒適達成。
　　（P.P. 通常代替 V.P. 演出）

I.P.＝Item Presentation〈各商品的演出〉

　　把商品大量陳列在器具上，使容易看到、容易選擇，以便促進商品的銷售。

Visual Merchandising〈商品行銷的視覺演出；流行的聲明〉

六、陳列的基礎條件

1. 很容易看到。
2. 很容易摸到。
3. 很容易選到。
　　以上三點具備，顧客就能輕鬆購物。

七、陳列的留意點

1. 何時　　　　when　　　　時期
2. 何人　　　　whom　　　　目標

3. 何事	what	商品
4. 何處	where	場所
5. 如何	how	方法
6. 多少件	how many	數量
7. 多少錢	how much	價格

八、商品的展開期

1. 導入期（介紹期）。
2. 成熟期（暢銷期）。
3. 晚期（整理期）。

九、Merchandise 又是什麼？

Merchandise 是指「充分適當的入貨」。

1. 顧客想要的商品　（適品）
2. 顧客想買的時間點（適時）
3. 顧客想買的價格　（適價）
4. 顧客想買的量　　（適量）

十、VMD 的原理原則

1. 定數定量：
   「定數」是指買場適合的展示櫃數量。
   「定量」是指在展示櫃展開的商品數量能夠適當之意思。
   可以讓顧客容易進入店內，商品能夠一目瞭然、容易購物。

▲展示櫃太多，交錯地配置，賣場內也有通道不到 50cm 的地方。展示櫃的背部整體上都較高，視線變差，內容不容易讓顧客明瞭。

▲從賣場的這頭到那頭，都像棋盤的方格一樣整齊。連最裡面壁面的商品都可以清楚看到。

▲此賣場的展示櫃陳列及展開計畫都是左右對稱。展示櫃前面較低，愈裡面展示櫃愈高。架構良好，縱向導線紮實。展示櫃材質也全部統一。

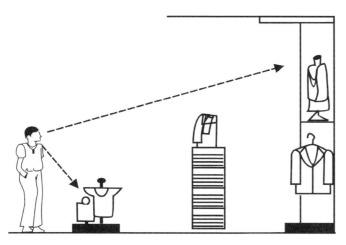

◀賣場的眺望
讓賣場能一目瞭然

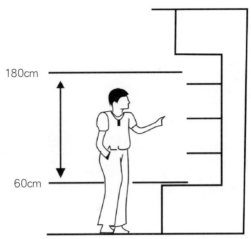

180cm

60cm

▶不要為難顧客
顧客拿商品上下限度

十一、V.M.D. 的演出

1. V.M.D.演出

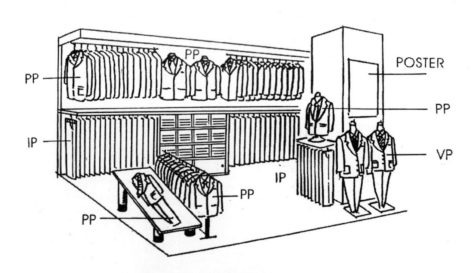

V.P.	（Visual Presentation）	視覺演出
P.P.	（Point Presentation）	重點演出
I. P.	（Item Presentation）	單品演出

PP

IP

VP

2. VP 點特別介紹

▲在專櫃的轉角地點，展示最新流行。

▲在大通道設置 VP 點，做特別推薦。

▲各樓扶梯口 VP 點，推薦當樓新品。

▲專櫃門頭 VP 點，介紹新產品組合。

▲專櫃門頭 VP 點，流行代言人。

3. 色彩的控制
   (1) 色彩的階段　Gradation
   (2) 互補、對比　Contrast
   (3) 色彩的和諧　Harmony
4. 色彩的分段系列

寒色系	暖色系	中間色系
COOL	WARM	NATURE

5. 色彩的分類與配色

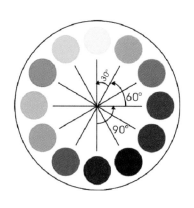

30度配色——甘草

60度配色——穩重

90度配色——有個性

120度配色——調和、愉快

150度配色——新鮮的、印象的

6. 色的並排陳列
   ● 寒色系 Cool

● 暖色系 Warm

● 中間色系 Nature

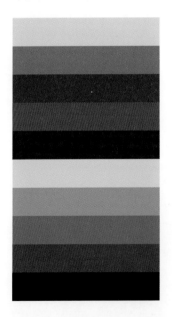

7. 色彩管理
   (1) 重視商品色彩的場合
      橫陳列 ─────────▶ 色彩

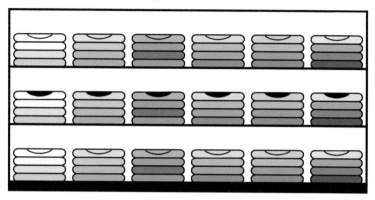

   (2) 重視設計味的場合
      縱陳列 ─────────▶ 設計

   (3) 商品櫥及平板架方格櫥內的陳列

商品櫥內的衣服陳列
上段：領口朝內
中、下段：領口朝外
方便顧客看到領口的設計

(4) 面向外 Face Out
- 面向外。
- 商品的正面可看到領子、鈕扣等的設計，種種搭配都很容易看到。
- 袖子朝外，看得到不同顏色、尺寸及品質。

(5) 視線黃金區
不要為難顧客，商品能看到的範圍寬度在 1.8m 以內，視覺角度在 120 度內為佳。

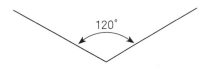

(6) 有效果的掛衣架、掛衣方

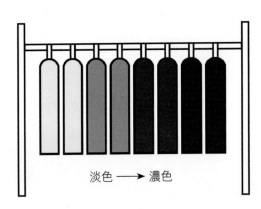

淡色 ➞ 濃色

◀依色彩階段順序陳列。

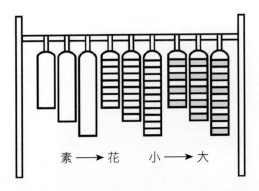

素 ➞ 花　　小 ➞ 大

◀素面及花樣的衣料
把素面的上衣放在後端，淡色的商品擺放在前面。

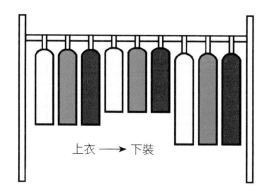

上衣 ——→ 下裝

◀上衣及底衣著。

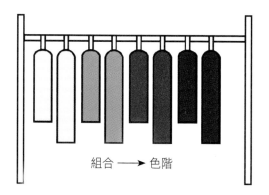

組合 ——→ 色階

◀上下裝的組合方式
把上下裝一體組合、然後把全體組合，
依色彩階段排列。

整理前後對照

▲整理前

▲整理後

▲整理前　　　　　　　　　　　　▲整理後

▲整理前　　　　　　　　　　　　▲整理後

▼整理前　　　　　　　　　　　　▼整理後

適當的照明

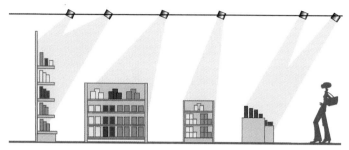

裝飾的生命

新型模特兒 ────────→ ←──────── 沒有灰塵

衣服燙平無皺紋 ────────→

充分庫存量 ────────→ ←──────── 亮麗的裝飾物

沒污損

POP、價格牌放正 ────────→ ←──────── 花盆亮麗

←──────── 舞台乾淨無汙染

03
裝飾範例欣賞

◀ LV 在巴黎本店門面裝飾大皮
箱與 150 年紀念，相當震撼，
傳統的大皮箱陳列在大門口，
宣示 LV 的光榮歷史，全世界
各國旗艦店同步演出。

▲東京銀座的和光珠寶店，其店頭大櫥窗裝飾是全日本的權威，每次更換都會引起轟動與媒體報導。

▲新加坡烏節路的商店門頭裝飾，上方的裝飾十分吸睛。

主題的宣言、流行的告知、季節性氣氛裝飾

　　大櫥窗、裝飾舞台、氣氛裝飾…等，使顧客進門後即有深刻感受，表達了主題的宣言、流行的告知、這一季的流行時尚，以及宣傳本店的最新活動。左圖為義大利展的 VP 台演出，可特別留意紅綠兩個顏色。

▼聖誕節的店頭演出，請注意頂上的彩帶結，
　生動美麗、老遠就可以看到。。

▲男襯衫的裝飾演出，襯衫與領帶的搭配功夫很棒。

▲襯衫與西裝的搭配，簡單明朗，重點突出。

▲某男裝的大櫥窗演出，兩尊男模的休閒服裝，搭配背景大圖，說明當季的流行搭配。右側的男褲採半邊垂吊式，創意不凡。

◀少見的金針手藝〈Pin Work〉，加上不俗的民俗風味搭配，是某年在東京得獎的裝飾作品。

▲◀▼東京伊勢丹百貨的夏天櫥窗主題是熱帶雨林,全店的 VP 點各樓的裝飾佈置、甚至廣告皆同步調,整體的夏季攻勢強而有力。

盛夏的 VP 點

▲大樓外側的櫥窗。

◀大樓聖誕節店內通道裝飾，營造節慶氣氛。

▲店內柱子的上端〈柱頭〉也不留白，每月換一次製造季節氣氛。

▲店內櫥窗發布 Sale 的訊息。

▲碰上換季，柱頭照樣秀出大出清。

第8章　顧客的第一類接觸

01
企業識別系統 CIS

一、企業統合系統 CIS

是 Corporate Identity System 的簡稱，其定義是企業形象統合的識別系統表現，表現的方式可歸納為三大部分：

1. 理念統合　Mind Identity　　　企業最高階層的理念決策
2. 活動統合　Behaviour Identity　動態的統合型態
3. 視覺統合　Visual Identity　　　靜態的統合圖像

企業形象統合系統 CIS 三大基本結構圖

MI
理念統合　　　Mind Identity
最高決策層次

BI
活動統合　　　Behaviour Identity
動態的識別形態

VI
視覺統合　　　Visual Identity
靜態的識別圖像

MI 理念統合

企業經營管理的理念或最高指導思想。

包括經營策略、信條、文化、企業精神。

大商集團是大陸一家大型商業集團，以零售百貨為主，其 MI 是——無微不至，無限發展，內容涵義深刻，兼顧對內顧客服務及對外強調無限發展。

BI 活動統合

對內認知教育訓練，對外廣告宣傳、活動公關演出。

將企業與員工的行為都作為一種傳播活動，透過動態的表現傳達企業理念，塑造形象、推廣效應，包括公關、公益活動口號、公司歌、各種演出、造勢活動、顧客服務、推廣活動…等。

美國總統選舉活動特別會運用 BI，例如 2008 年大選，總統候選人歐巴馬在每次活動開始時都會喊出"We are ready!"，讓全員跟進。

等接近投票時，每次活動也喊出"Yes I can!"，BI 強而有力、氣勢不凡。

2012 年美國總統大選，他們在 BI 方面奇招百出，各打形象牌。

這一次共和黨候選人羅姆尼就學著喊出"I can change!"強調大家受夠了歐巴馬的施政，我們有能力改變，改朝換代，換人做看看。

VI 視覺統合

在 MI、BI 的基礎上，將企業的形象概念以具體可見的圖樣來統合表現，具有企業代表性，是企業的最佳代言，其應用範圍很廣大。

VI 的使用與開展

1. 基礎篇

   (1) 標準商標（Logo）

   (2) 標準字（中英文）

   (3) 標準組合（字與商標各式組合，標示可或不可實例）

   (4) 標準彩色（CMYK，RGB，PANTONE，DIC，油漆編號）

2. 實務篇

   (1) 辦公事務用品

   名片、國內外信封、信紙、便箋、傳真紙、資料夾、出入證（工作證）、檔案袋、公函紙、簽呈、表格規範、聘書、培訓證書、獎狀、考勤卡牌、意見箱、記事本、公事包、企業旗、豎旗、掛旗、桌旗、公司歌…等。

(2) 職稱規劃

職位職稱定位。

(3) 文宣推廣規劃

文宣品與媒體樣板、購物袋、標準用語口號、BGM 背景歌、CM SONG、吉祥物、標準圖形、POP 系列、裝飾品。

(4) 公關贈品

賀卡、請柬、邀請函、手提袋、包裝紙、鑰匙牌、廣告傘、T恤、夾克、帽子、掛曆、檯曆、特選禮品。

(5) 員工服裝

幹部男裝、女裝（特別設計）。

員工男裝、女裝（特別設計）。

冬季防寒工作服、運動服外套、運動服、運動帽、T 恤、安全盔、工作帽、保全服裝、清潔員工作服、養護工作服、餐飲專門服、客服禮儀小姐套裝…等。

(6) 企業車體外觀設計

轎車、麵包車、貨車、特殊車型、大巴。

(7) 賣場標牌系統

最重要的是告訴顧客如何進出，如何輕鬆地找到他想要的地點，如何通盤瞭解全樓賣場情況。其種類如下：導購標示、交通標示、定點標示、促銷標示、餐飲標示、安全標示、內部標示、外觀標示…等。

二、專案規劃流程

1. 企業實體調查：企業背景、經營理念、經營團體、外界認知、現況發展。
2. 形象概念確立：整體概念、形象策略、設計方向、協調立案。
3. 展開設計工作：
   (1) BI：對內開始培訓、洗腦、認知，對外展開活動、宣傳推廣。
   (2) VI：商標基本設計、應用設計及規劃。
   (3) CIS 規模手冊。
4. 完成及全面展開：
   設計完成、上級批准、全面推廣及造勢活動、內部教育訓練。
5. 管理與評估
   製作監督管理、實施管理、定期評估、適當修正。

三、傑出商標介紹

臺灣味全公司
日本設計大師大智浩設計。
將味全五大理念以及五圓圈連結成 W 的造型，構成為一個完整、平穩、簡潔的圖案。

家樂福大賣場
來自法國，是全世界最大的大賣場，以量販超市為主，紅籃代表法國色彩，商標中間空白正是一個大 C，代表 Carrefour 家樂福。

伊勢丹百貨
日本百年老店，經過一次的改變，把老式的商標改為具有十足現代感的新商標。左前字的 I 字代表 No. 1 獨家特色。

麥當勞
聞名全世界的美式速食速食，M 的造型遠遠即可看到，尤其是晚上發光的 M，具有相當的吸引力。

夢時代購物中心
美國 RTKL 公司設計。
新的設計觀念，擺脫四平八穩的傳統觀念，商標涵蓋全館四大部分，活潑生動有活力。

大商新瑪特購物廣場
鄭麒傑設計，由新瑪特 NEW MART 的 NM 組合而成，圖樣旗幟表現神采飄揚，強調 NM 旗幟插遍全大陸。

四、徵求商標及應用時注意事項

1. 設立獎金公開徵求，詳定規章規則，成立公正評審會公開發布。
2. 邀請專家權威人士設計，特別注意合約內容，避免雙方不滿引發糾紛。
3. 商標要附和企業形象，要通過正式註冊商標才能避免不必要的麻煩。
4. 商標設計要簡易、平衡、有個性，色彩不宜太多和文字搭配容易。
5. 商標的使用必需嚴格遵守規範手冊，由營銷部分負責管理，嚴格執行。
6. 商標使用在大小地方，需注意視覺上的感覺，如使用在名片時，商標是否會模糊不清，顏色的效果是否會變化。
7. 商標的發布要慎重其事，選定地點舉辦商標發布會活動。
8. 現代的商標不像以往，注重四平八穩，簡潔色彩，反而採用多彩、動態、多變化，甚至還有多種組合，思維廣泛運作、海闊天空。
9. 顏色控制標明 CMYK 成分、PANTONE COLOR 色號、油漆色號、建材色號、貼紙色號、特殊用途指定色號。
10. 做簡報時要準備充分有特點，在說明時有說服力，特別注意老闆的反應。

五、CIS 應用案例

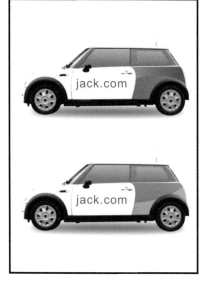

六、CIS 系列規劃流程

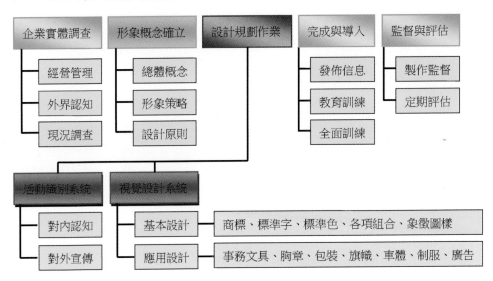

信念口語

- 對內：為我們的理想、事業及將來，大家團結在一起。
- 對外：買得開心、用得放心、吃得安心。

基本設計系統

A.商標設計。
B.標準色設計。
C.專用字體。
D.單件及套用組合。
E.象徵圖案。

商標設計——標準色設計

項目			
COLOR（色彩）	主色	副色	補色
CMYK（印刷色標）	M100　Y100　K10	C100M80	Y65
RGB（光的色標）	R215　G0　B15	R0　G64　B152	R255　G255　B102
PANTONE（國際色標）	Red 485C	072C	101C
PAINT（油漆標號）	虹牌 #25 珠紅	虹牌 #47 孔雀藍	虹牌 #18 純黃

專用字體

- 中文標題：粗黑體。
- 中文內容：新宋體、中宋體。
- 英文標題：Arial Black。
- 英文內容：Times New Roman。
- 數字：0 1 2 3 4 5 6 7 8 9。

應用設計系統

A. 事務用品
- 會員卡設計
- 胸牌設計
- 包裝袋設計
- 名片設計
- 文書信箋

B. 業務用品
- 招牌廣告設計
- 汽車廣告
- 旗幟設計
- 制服設計
- 文宣樣板

會員卡設計──商業會員卡、商業附卡、白金卡、家庭卡。

商業卡

白金卡

名片設計

文書信箋

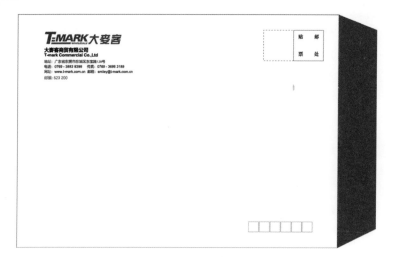

信紙

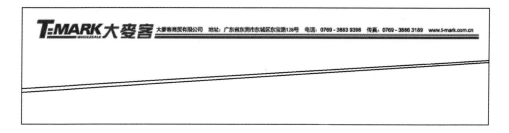

留言紙：實際使用時採用80％黑色。

印刷品包裝

一次性紙杯

制式服裝

02
標示系統 Signage System

　　所謂標示系統（商場）是指在商場內外有系統的設置標示，用以創造出具有方向感和自明性的人性化空間。現代的大商場其規模都很大，顧客的流量也大，如果沒有良好的標示系統，其嚴重後果可想而知。一個簡單易懂的標示是要告訴顧客如何進出、如何輕鬆地到達他想要的地點，而不是讓顧客繞來繞去、團團轉，不知所云。

　　指標系統 Signage System 工程項目重點

一、工程進行程式

概念設計 ➡ 細部設計 ➡ 圖文設計 ➡ 施工 ➡ 驗收

說明：

1. 概念設計：知名專家公司設計，整體思維配合店家形象。
2. 細部設計：根據概念設計，另請設計施工專業公司作細部設計。
3. 圖文設計：由施工專業公司配合策劃中心。
4. 施工：由施工專業公司製作施工。
5. 驗收：工程部負責驗收，圖文部分請策劃中心協助。

二、指標使用點

1. 全館、各樓。　　2.外觀。　　3.步行街。
4. 停車場、地鐵。　5.地下街。　6.後勤部門。

三、指標機能分類

1. 導購標示：全館介紹、電扶梯介紹、電梯介紹。
   （電梯口全館介紹、電梯內全館介紹）、當樓介紹。
2. 交通標示：電扶梯上下、樓層標示、步梯上下樓標示、停車場標示系統。
3. 定點標示：公共設施（廁所、休息處、電話亭、候車處、吸煙處、修改室、警衛室、育嬰室）、客服部（貴賓廳、文化教室、服務台、外商部、ATM）。
4. 廣宣標示：電梯外看板、廣告燈箱、廣告路燈旗、扶梯旁廣告。

5. 餐飲標示：餐飲綜合介紹、特色介紹、各廳標示。
6. 安全標示：避難逃生、禁止標示、消防箱、電扶梯安全標示。
7. 內部標示：各科室、機房、通道、進出貨處。
8. 外觀標示：大看板、招牌、出入口。

四、指標設置分類

- 靜態標示：直立標示（移動、地面固定）。
  吊掛標示（天花、中庭、懸掛）。
  壁面標示（貼壁、突出）。
- 動態標示：LED 數碼標示。

五、標示設計

委託專業公司設計及施工安裝，營銷部門負責把關。

六、設計及施工注意重點如下：

1. 以顧客的立場來看，別忘了是顧客在使用。
2. 圖文內容簡潔易懂，不讓顧客想半天。
3. 注意形象美觀，安裝牢固維修容易，經常保持乾淨、及時更新。
4. 標示地點選擇要慎重，內容安排合理、方向正確，做最有效的誘導。
5. 考慮好平面、垂直面相互關係。
6. 需要燈光配合時，注意用電安全、節能。
7. 進出口編號、店舖編號、電梯電扶梯編號、內街步行道編號、通道編號…
   等。
8. 停車場標示特別注意動線引導、安全。
9. 整體標示有一致性（Identity），附和 CIS 形象統一。
10. 設立工藝標準及施工質量保證要求，工程中安全保證，尤其是焊接部分。
    相關文字、圖案由承包公司最終完成，由相關人員驗收。
11. 所有標示內容、單位提供資料，由工程部門驗收。

導購標示：全館介紹、電扶梯介紹、電梯介紹、當樓介紹。

▲全館一覽無遺，各樓層資訊更新容易，定時清潔保養，下方中央處有文宣品。整體感覺大方氣派、乾淨俐落又有現代感。

▲將各樓分開為獨立看板，旁邊附加觸控電腦，以作細部說明。

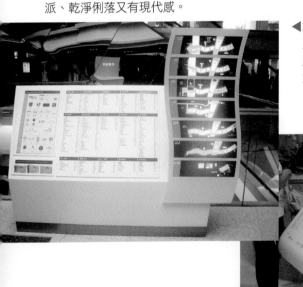

◀右邊各樓平面介紹的水波造型，統合香港又一城的 CIS 形象。中央部分是各樓商舖店名，左邊是特別品牌及餐飲介紹，左下角有商品導購印刷品，供顧客自由取閱。

▶簡單明白很容易讀看，有各樓平面圖及商舖名稱，採插卡式容易取換。因製作成本較低，適用於各樓擺放。

▲各樓電梯門口有樓層及全館介紹。

▲電梯口除介紹標示外，還加裝液晶廣告。

▲現代商場大都把各樓介紹放在兩側，讓電梯口簡潔大方不雜亂。

▼童裝樓層的電梯口，特殊裝潢很有創意，吸引小朋友的童心。

▲電梯內有各樓介紹。

▲電梯內也有活動廣告大家看。

▲簡潔的電梯口設計，中央只有大大的 1 字，
　各樓介紹在右方。

▲漂亮的電梯口設計，特色的圖樣有五星級的
　氣質。

◀▲扶梯口的介紹不宜太多，顧客無法停留
　　讀看，否則會造成壅塞。

▲電梯門貼有季節性推廣廣告遇到特別節慶
如聖誕節、春節或特別活動如週年慶、換
季大出清等,電梯門可就是顧客的第一類
接觸。

▲在各樓重要地點介紹全館或扶梯
口,大圖板介紹當樓層。

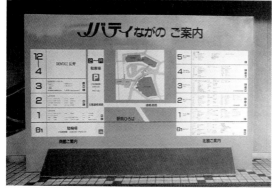

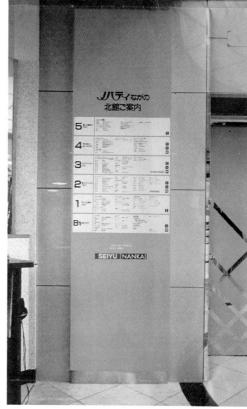

▲電梯旁是顧客流動最多的地方,請注意統一採用黃色。

▲電扶梯口上下樓引導。

▲通道動線上，交通及設備的引導。

▲四面方向指標。

▲主通道出現液晶電視，有廣告也有引導，
多功能表現。

▲各樓層及上下樓路線引導，搭配燈光更具
吸引力。

▲富有商場個性，指引到各重點目標。

▲上下樓標示。

▲大門入口各樓介紹。

◀▲採用透明式的標示,有高級質感,將環境關係考慮進去。

▲停車場也需要清楚明白的引導標示。停車格如有空位,上方亮燈,從遠處即可知有空位。

▲各區柱子有不同顏色標示。

◀▲停車場入口標示，夜間要有燈光，
最好還有空車位標示。

▼停車場入口須有限高、限速、禁止按喇叭、禁止行人、開小燈、遵行方向等標示。注意雨水
　倒灌，設置截水溝防水。

▲▶廚所引導標示分男女及兒童。

公共設施標示：服務台

▲服務台的功能很大，給顧客的印象很深，關係到公司的形象。

廣宣標示：電梯外看板、廣告燈箱、廣告路燈旗、扶梯旁廣告。

▲扶梯旁的活動廣告，新的設計改用液晶電視廣告，統一設計播出。

◀扶梯旁也可做廣告，高級商場不宜。

▲賣場動線中流砥柱，有動線引導，也可做廣告。

▲超市及全館介紹。

▶利用通道柱子，做餐館美食廣告。

▲美國著名的 HARD ROCK 餐廳，其店外招牌具有獨特代表性。

▼利用走道牆壁，做美食廣告吸引食客進入。　　▼美食廣場看板。

▲電扶梯旁防撞板。

▲安全出口一點也不留白。

◀安全門出口標示，圖像
很有創意，留圓窗可窺
視狀況應變。

▼工程中請小心，不光字還有圖，不小心還以為有人在工作。

▲店外標示，夜晚發光很醒目。

▲店外廣場招牌。

▶廣州最大的正佳廣場。

▲屋外店招牌加上一部休旅車,表明咱家
　就是年輕人的好地方。

▲告訴你這裡是年青族群聚集的餐飲場所。

▲一把大鋸子,表明是五金工藝店。B&Q
　如果採用可得 100 分。

▲店頭招牌標示 PREMIUM 集團開發。

▲全世界統一店頭標示。

◀家居名店整體形象就是大招
　牌。

03
大商場的形象演出

　　形象標示是商場展現給顧客看的意識印象，優秀的形象標示能讓顧客留下美好的印象，感覺到這裡是他一再想來的地方。現今世上各出名的大商場都講究各式各樣的形象標示物，配合當地的文化藝術與城市行銷，打成一片，成為市民休閒生活的好地方。

　　一個大的建築物沒有加以裝修，就像一個女人沒化妝一樣，平淡無味。高貴的氣質、青春活潑的辣妹、追求時尚的粉絲，不同的打扮能顯示出不同風味的女性。因此要建造一個繁盛的商場，其成功的因素很多，裡裡外外都要兼顧。第一線的營業與行銷是主幹，因此營銷單位要主導形象標示的建立與管控。

建立形象標示的目的：

1. 樹立公司良好的形象。
2. 吸引顧客一再前來觀賞、留影、帶朋友來，帶動業績上升。
3. 配合政府政策，推動城市行銷。
4. 成為市民休閒中心。
5. 導引購物，方便逛街。

形象標示的範圍很廣，其種類如下：

1. 建築物、步行街之外觀：主題明顯、突出、綜合文化，有故事性。
2. 夜景及燈光演出。
3. 戶外形象標示：園景、廣告物、燈箱、燈柱、路燈旗、活動廣場大布幕、大招牌、雕塑、噴水池、地標、指引牌。
4. 室內形象標示：標示系列、制服系列、燈箱、地標、中庭掛飾、導購標示、公共設施、活動舞台。
5. 屋頂形象標示：摩天輪、遊樂設施、屋頂公園。

一、建築物外觀

　　21 世紀的大型商場（購物中心 Shopping mall、大百貨公司 Dept.store、暢貨中心 Outlet mall）都標榜有一個亮麗的主題與寬廣的建築物，吸引廣大的新世代人潮。人們不再去逛老舊的賣場，認為那是乾涸無味的老商場。

　　以往受限於業者老闆指示，仿造別人樣式，這兒改改、那兒加加，結果搞成一個老闆喜歡、大家附和的建物。新時代的大型商場聘請專業專家設計，經相關人員檢討修正後，產生漂亮、個性的建築物外觀。一般以鋼結構居多，配合採光玻璃，十分具有現代感。

1. 購物中心 Shopping mall
   美國超大型購物中心 Mall Of America，巨大建築物的四角邊有 Macy、Sears、Nordstrom、Bloomingdales…等百貨四大天王。
   中間是 Camp Snoop 的遊樂天地。

▼法國巴黎市郊 LES TERRASSES。

▲日本滋賀縣彥根市的 ViVa City。

▼巴黎市區某商場改建期間，外牆廣
　告奇特顯耀，是最好的戶外廣告。

2. 大百貨公司 Department Store

傳統老店居多，皆有其榮光歷史，仍擁有其忠實的顧客。

▲美國紐約梅西百貨公司。

▲日本東京高島屋百貨公司。

▼法國巴黎春天百貨公司。

◀俄羅斯莫斯科百貨公司。

▲英國倫敦哈樂士百貨公司。

▲台灣高雄大統百貨公司。

3. 暢貨中心 Outlet Mall

主題式的個性商場,標榜名牌折扣價,廣受年青人的歡迎,在消費市場上
有後來居上的趨勢。

▲▶日本橫濱的 Bay Side Marine Outlet。

▲日本神戶的 Proto Bazar。

▲日本大阪關西臨海區的 Premium Outlet。

▼美國賭城拉斯維加司附近沙漠中的 95 Factory Outlet。

二、夜景及燈光演出

◀高雄大立精品百貨的夜
景演出，商場在夜晚的
燈光是很吸引人的，燈
飾演出效果良好。報章
雜誌、電視都會爭相報
導，電影、電視劇也會
來取景。

▲ 2013 香港沙田站前公園燈飾。

◀義大利的燈節，許多人結伴來走燈廊，全世
　界媒體爭相報導。

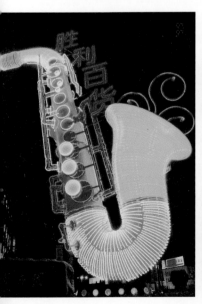

▲▶大連勝利廣場的夜晚燈飾，憑添許多浪漫的藝術文化。

三、戶外形象演出

園景、廣告物、燈箱、燈柱、路燈旗、活動廣場、大布幕、大招牌、雕塑噴水池、地標、指引牌。

▲新加坡伊勢丹百貨的夏季宣言。

▲百貨廣場兒童節的廣告物。

◀「山豬與泉水」為義大利佛羅倫斯的鎮寶吉祥物，日本高島屋百貨仿造擺放商場，大受歡迎，連鼻子都被摸光。

▼日本大阪梅田商店街，在外牆裝設有不同樂器的浮雕，這是其中的小喇叭，只要把你的手指按下黑色圓鍵，立即發出聲音，選按不同圓鍵可彈出一首完整歌曲。

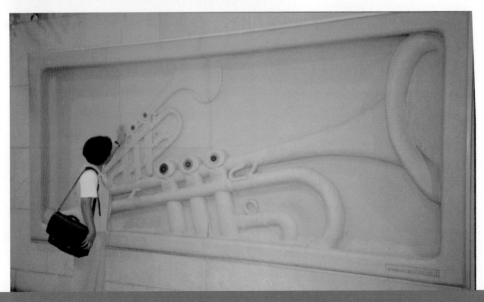

▲巴黎大教堂前，擺放的人頭石雕是年輕人約會的地標。商場擺設文化藝術品來搭配，也
是吸客的媒介物。

▲美國舊金山聯合公園的街頭藝人。

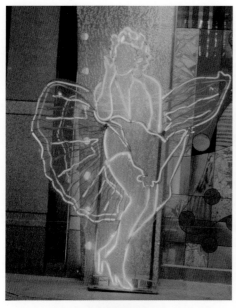

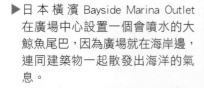

▲右上圖是日本東京涉谷站的
「忠犬八公」銅像,是約會
的定點地方。

▶日本橫濱 Bayside Marina Outlet
在廣場中心設置一個會噴水的大
鯨魚尾巴,因為廣場就在海岸邊,
連同建築物一起散發出海洋的氣
息。

◀日本神戶 Marine Pia Kobe Proto Bazar 海岸邊的西班牙式暢貨中心，地板漆成沙岸，停一艘黑船，假日吸引許多小家庭來玩。

▲▼大樓櫥窗加上裝飾窗罩很有氣氛，缺點是怕颱風和灰塵。因此在製作時就要考慮堅固性、半透明性的材料，好保養。

▶日本東京高島屋，一樓大櫥窗上面有紅色大窗罩，白天夜晚都很清楚地告訴你：「高島屋就在這裡」。

▶東莞大麥客美式外觀與招牌。

▲地板也不放過，標好指示方向、公司形象標示。

▲一年一度的汽球大遊行。

◀大阪臨區暢貨中心美式招牌。

▼漂亮的 X'mas 大門入口。

四、室內形象演出

標示系列（CIS）、制服系列、燈箱、地標、中庭掛飾、導購標示、公共設施、活動舞台。

▶中庭是最好的活動表演地點，各樓都可以看到。

▲熱帶雨林的氣氛，鱷魚定時張嘴吼叫，大象收銀台很受小朋友的歡迎。

▲象棋大賽最後冠亞軍大決戰。　　　▲汽車大展。

特色花車

　　大商場的大通道內可加設特色花車，因好地點才擺放，故租金較高。此種花車擺的商品不是拍賣品，而是精選同類商品，銷售效果佳。

▲台北 101 購物廣場的花車，生意不差兩旁商舖。

▲商品分類擺車販賣，集結多樣特色商品。

◀▼ 東京羽田機場的地方特產花車，這裡以國內線班機為主的，來自各地的旅客回去時順便帶些伴手禮，每部花車都有其特色。

▲花車要經過設計,式樣好看,機能性好,能大量展現商品。
　香港國際機場常看到特色花車。

▲廁所也要有文化特色。
　香港圓方廣場自認擁有香港最豪華的化妝室。

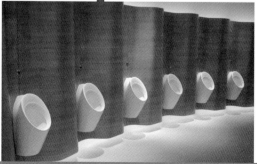

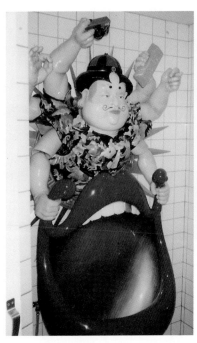

▲小朋友的化妝室。　　　▲西班牙鬥牛場化妝室。

◀日本某餐廳的搞笑便斗,會閃光、左右晃動,小便要排隊。

五、制服

1. 百貨公司大部分統一制服,化妝品專櫃除外。

▶女服務員。　　　　　　　　　　　◀女職員。

▲男幹部一律著西裝打領帶。

▲保全人員。

▲服務台人員。

2.購物中心由各租戶穿著各該公司服裝。

3.倉儲量販大部分穿著統一馬甲或外套。

六、屋頂形象演出

摩天輪、遊樂設施、屋頂公園。

大型商場的屋頂如加以利用，假日可吸引很多人潮，如設置大摩天輪、休閒公園、精緻遊樂設備…等，很受歡迎。

▶大統樂園：台灣第一座
屋頂樂園，城堡的白雪
公主定時出現報時。

▼高雄夢時代的屋頂樂園，讓你留下難忘的回憶。

◀高雄夢時代的旋轉木馬。

七、美食街形象演出

大商場吸引人的地方很多，美食街也是聚客的好地點，它提供顧客一處休閒用餐和享受不同口味的場所。無論是中式、西式、日式、甚至南洋口味應有盡有，對經營大商場而言，成立美食街是必成為聚客的一項重要方式。

台灣最早在百貨公司設立美食街的是 1975 年開幕的高雄大統百貨，以台灣小吃為主，筆者曾經在大統上班，目睹蔣經國先生曾經 6 次上大統 9 樓品嚐豬血湯，當時傳為趣談。

記得先前有一次吳老闆帶我去東京「魔鬼訓練」，到吉祥寺的近鐵百貨考察，他說：「這家近鐵百貨生意很不好，你看顧客沒幾個人，等一下我帶你去頂樓的美食街看看」，「我們現在剛過中午11 點，你看！頂樓看到許多人在排隊等候進餐」，又說：「美食街專綁顧客的胃口，百貨公司一定要有」。

美食街在商場經營的重點：

1. 美味、口碑：找有名的品牌店信賴好記，口味地道。

2. 清潔、衛生：隨時保持乾淨。

3. 安心、安全：讓顧客吃得開心、放心。

4. 舒適、方便：出菜快，迅速享用美食。

5. 服務良好：平日假日如一，不因人多服務就不好。

▲台灣新北市板橋的遠東百貨公司 B1 美食街，不俗的復古風味，宛若時光倒返，重溫品嚐古早美餚的樂趣，令人感動。

▲新加坡牛車水的古早味美食街。

八、公共區形象演出

▲台灣新北市板橋的遠東百貨公司，頂樓異國美饌義大利餐飲區，威尼斯浪漫風情很吸引人。

- 從商人員要多加考察，觀摩學習同業優點，平時就要充實自己的智庫資料，並不斷推陳出新。
- 考察前要做好功課，選好目標、重點項目，用最短時間拿到最多的資料，隨時利用。
- 多人同時考察時，約定時間、地點，然後分開各取所需。晚上再開會，相互研討。

第9章 中國大陸、港澳、台灣大商場介紹

01 中國大陸大商場

一、北京東方新天地

- 地址：北京市長安東路 1 號與王府井街交會處。
- 總面積：120,000㎡，可停車 1,800 台。
- B1-1F 上下雙層大面積賣場，主要為精品名店。
- 7 個主題館：繽紛新天地、都市新天地、庭苑新天地、寰宇新天地、活力新天地、尊萃時光別館和天空大道。

二、北京金源時代購物中心

- 地址：北京海錠區遠大路路北。
- 總面積：680,000㎡。
- B1-5F 超大面積賣場。

- 名店上萬家宣稱是亞洲最大的購物中心。
- 可停車 6,800 台。

三、北京國貿商城

- 地址：北京朝陽區建國門外大街1號。
- 總面積： 60,000㎡。
- B1-1F 大型國際品牌商場。
- 可停車 1,000 台。
- 特色：北京第一家進口商品大商場，擁有 1,450㎡大溜冰場。

四、北京金融街購物中心

- 地址：北京西城區金融中心。
- 總面積：89,000㎡。
- B1-5F 大型休閒娛樂商場。
- 可停車 1,000 台。
- 特色：主力店香港連卡佛宣稱囊括世界上最著名的頂級奢侈品。

五、北京大悅城購物中心

- 地址：北京西城區西單北大街。
- 總面積：205,000㎡。
- B2-9F 大型休閒娛樂商場。
- 可停車 1,000 台。
- 特色：年輕人為對象，飛天梯從 1F—6F，全玻璃幕和 LED 大樓外觀。

六、新光天地

- 地址：北京朝陽區建國路。
- 總面積：180,000㎡。
- B1-6F 大型百貨商場。
- 可停車 2,700 台。
- 特色：是北京最漂亮的商場，開創時曾與台灣新光三越合作，現已由北京華聯獨立經營。

七、北京 SOLANA 藍色港灣國際商區

- 地址：北京朝陽區朝陽公園路 6 號。
- 總面積：150,000㎡。
- B1-3F 大型購物中心。
- 可停車 2,000 台。
- 特色：是北京最漂亮的美式休閒購物中心，下沉式中心廣場、旗艦名店街、湖畔公園，休閒娛樂…等多業態。

八、上海環球港購物中心

- 地址：上海中山北路 3300 號〈中山北路與金沙江路口〉。
- 總面積：320,000 m²。
- B2-4F 大型國際品牌商場。
- B3 可停車 2,200 台。
- 特色：號稱全球中心城區最大的購物中心，這一「巨無霸」與普通商場不同的是，主打複合業態，包括奢侈品、豪華影院、娛樂中心、美食餐飲、溜冰場、演藝劇院、大型書店、專屬文化空間設置藝術展覽和健身、文化培訓等多功能區。內部以歐洲風情為主題，屋頂花園堪稱城市「巨無霸」。

九、上海恒隆廣場

- 地址：上海南京西路 1266 號。
- 總面積：55,000㎡。
- 1F-5F 國際品牌旗艦店。
- 特色：上海最高級的商場。

十、上海港匯廣場

- 地址：上海徐匯區虹橋路 1 號、地鐵一號線徐家匯站上蓋。
- 總面積：200,000 ㎡。
- 地上六層和地下一層。
- 特色：國際品牌商場，「上海阿拉街」出售上海名特產品。
- 可停車 1,200 台。

十一、上海正大廣場

- 地址：上海浦東黃埔江畔，地鐵 2 號線陸家嘴站出口。
- 總面積：243,000㎡。
- B2-10F 超大型商場。
- B3 停車場 1,000 台。
- 特色：電影院、百貨公司、大量販店、美食街、遊樂場、夜總會。

十二、寧波天一廣場

- 地址：浙江寧波市中山東路。
- 總面積：220,000㎡。
- 十個大型商業區和一個中心廣場。
- 停車場 1,000 台。
- 特色：親水、綠色、現代時尚三大主題，水世界、大水幕電影、水舞、特大廣場。

▲上圖引用天一廣場官網。

十三、深圳萬象城

- 地址：廣東深圳市寶安南路 1881
  號，地鐵羅寶線大劇院站 C 出口。
- 總面積 188,000㎡。
- 超大型商場：停車位 600 個。
- 特色：1,800㎡標準大溜冰場、電影
  院、地下街、美食街。
  中國最成功最經典的購物中心商
  場。

十四、深圳 COCOPARK
〈原名是星河購物公園〉

- 地址：深圳市福田中心區、地鐵購物公園站。
- 總面積 85,000㎡。
- 地下 2 層、地上 3 層大商場。
- 停車位 600 個。
- 特色：園林情景式購物中心。

十五、廣州天河城

- 地址：廣東省天河區天河路 208 號，地鐵 3 號站。
- 總面積：100,000㎡。
- 超大型商場，中國大陸最早的 SHOPPING MALL 之一。
- 特色：把廣州最熱鬧的傳統鬧市「北京路」搬進了天河城廣場。
- 停車場 1,000 台。

十六、廣州正佳廣場

- 地址：廣州市天河路與體育東路交會口。
- 總面積：420,000㎡。
- B1-B7，可停車 1,500 台。
- 特色：廣州最大型購物中心、電影院、美食街、大餐廳。
  全國最大型好萊塢式室內冒險樂園、遊樂場、溜冰場、大超市。

十七、大連勝利廣場

- 地址：大連市中山路火車站前。
- 總面積：147,000㎡。
- B3-5F 大型商場及地下街。
- 可停車 800 台。
- 特色：全國第一家下層式購物廣場、8 大地下掏寶街、大餐廳、家電館、保齡球館、美食街廣場。

十八、瀋陽大悅城

- 地址：瀋陽市大東區中街鬧區。
- 總面積：25 萬平方米。
- 分 ABCD 四大樓，各具特色。
- 步行街貫穿，地鐵站口。
- 停車位 2,000 位。

十九、瀋陽新瑪特購物廣場

- 地址：瀋陽市大東區小東路 1 號〈中街〉。
- 地鐵站口。
- 總面積：10 萬平方米。
- 特色：瀋陽第一家綜合購物廣場。
- 停車位 200 位。

二十、上海奧特萊斯

- 地址：上海市青浦區嘉松中路 5555 號。
- 擁有 250 餘家名品折扣店，450 多國內外品牌。
- 總面積：11 萬平方米。
- 特色：中國第一家大型美式暢貨中心，整體建築呈現現代時尚的歐美風情，有水鄉風景。
- 停車位 1,200 位。

02
港澳大商場

一、香港圓方購物廣場 Elements

- 地址：西九龍柯士甸道西 1 號，東涌線、機場快線九龍站上蓋。
- 分為五大區域，分別以中國五行的金、木、水、火、土為主題。
  50% 為時裝、30% 為食肆、10% 為娛樂、10% 為其他零售商店。
- 商業面積：30 萬平方米，樓高 4 層。
- 特色：引入全球最頂級的國際知名品牌旗艦店進駐及服務，設有全香港最
  豪華的購物廣場洗手間。

二、青衣城（Maritime Square）

- 地址：新界青衣青敬路 33 號，青衣城。
- 香港新界青衣島東涌線、機場快線穿樓而過，內設青衣站。
- 商業面積：15 萬平方米，B1-3F 共 4 層，130 多家大小店舖。
- 特色：以海洋概念建成的大型主題商場，承襲郵輪的特色佈置，是新界區盡享無盡購物樂趣與品嚐佳餚美食的大型購物勝地。每次在香港轉機有時間的話，必殺的好地方。

三、又一城（Festival Walk）

- 地址：九龍塘又一村達之路 80 號。
- 港鐵九龍塘站。
- 商業面積：30 萬平方米，共 7 層 200 多家商舖。
- 特色：走中高檔路線，有多間國際名牌店為九龍區地標商場之一。

四、Mega Box

- 地址：九龍九龍灣宏照道
  38 號。
- 觀塘線九龍灣站，轉乘免
  費穿梭巴士或步行 8 分
  鐘。
- 商業面積：33 萬平方米，
  共 19 層 240 家店舖，2010
  年 AEON、IKEA 進場。
- 特色：觀塘區最大型垂直
  購物商場，9 樓兒童天地
  很有特色。

五、金鐘太古廣場

- 地址：香港金鐘道 88 號。
- 港島線、荃灣線：金鐘站 F 出口。
- 商業面積：22 萬平方米，共 4 層 130 家店舖。
- 特色：位於港島心臟地帶，是金鐘地區唯一大型購物廣場為香港優雅時尚的購物熱點，匯集華麗姿采，網羅經典名店、創意品牌、高級精品百貨〈日本西武百貨〉及各式國際美饌。

六、朗豪坊

- 地址：九龍旺角亞皆老街8號，旺角心臟地帶。
- 港鐵旺角站 C3 出口。
- 商業面積：16.7 萬平方米，共 15 層 200 家流行專門店，地下樓有西武百貨。
- 特色：由平民區改變成為高品味娛樂購物，是九龍市區的潮流地標。最大的特色是由 4 樓〈通天廣場〉至 12 樓的兩組通天電梯，是香港最長的商場扶手電梯，頂樓是幻彩動感的數碼天幕。商場的開始是從 4 層開始，先把顧客送往頂樓再逐樓往下參觀。

七、澳門威尼斯人──大運河購物廣場

- 地址：路氹城塡海區金光大道，威尼斯人度假村酒店三樓。
- 路氹金光大道─金光穿梭巴士」提供來往酒店與各口岸的免費接駁專巴服務。

  巴士路線：15、21A、25、25X、26、26A、MT1～MT4。
- 商業面積：30 萬平方米。
- 特色：在室內藍天白雲下漫步，特色街道、運河、大橋，環境典雅瑰麗，仿如置身威尼斯街道，聖馬可廣場經常舉行精彩的表演。購物中心內有 3 條室內運河，設有國際品牌名店與美食。

03
台灣大商場

一、高雄夢時代購物中心

- 地址：台灣高雄市前鎮區中華五路 789 號。
- 捷運紅線凱旋站 3 號出口步行約 8 分鐘，亦可轉乘免費接駁車前往。
- 總面積：43 萬平方米，共地上 10 層地下 3 層，800 多家店舖，有阪急百貨。
- 特色：台灣最大的購物中心，以海洋、花卉、自然、宇宙為四大主題規劃，打造出購物、休閒、娛樂、餐飲、藝文的生活空間。頂樓的「高雄之眼」摩天輪可以觀賞海。
- 停車位 4,500 位。

二、高雄義大城購物中心

- 地址：台灣高雄市大樹區三和里學城路 1 段 12 號。
- 高鐵左營線〈佛光山線〉、義大客運。
- 商場總面積：5.8 萬平方米，共地上 5 層地下 1 層，超過 300 品牌。
- 特色：以全國首創「品牌直營」Outlet Mall 為概念，是台灣首創的大型 OUTLET MALL，商場內現代古典風格建築，媲美威尼斯賭場的高科技天幕，是個高級的 OUTLET MALL廣場。場外搭配露天廣場及大型遊樂園。
- 停車位 2,000 位以上。

三、高雄漢神巨蛋廣場 ARENA

- 地址：台灣高雄市左營區博愛二路 777 號。
- 捷運紅線巨蛋站，5 號出口。
- 商場總面積：7 萬平方米，共地上 8 層地下 1 層。
- 特色：精緻購物中心與時代流行脈動同步接軌的新一代購物商場。以擁有國際精品、世界級化妝品旗艦大店而聞名。
- 停車位 1,500 位。

四、台茂購物中心

- 地址：台灣桃園縣蘆竹鄉南崁路一段 112 號。
- 桃園南崁交流道。
- 商場總面積：9.5 萬平方米，共地上 7 層地下 3 層。
- 特色：戶外的城垛造型牆面是一大特色，賣場百貨公司化，有室內運動場、表演場、大影城，台灣第一座大型購物中心。
- 停車位 2,800 位。

五、台江購物中心

- 地址：台灣桃園縣中壢市中圜路二段 501 號。
- 距內壢交流道約一公里左右，高速鐵路桃園青埔站約十分鐘路程。
- 商場總面積：16.5 萬平方米，共地上 5 層、地下 2 層。
- 特色：巧妙揉合建築科技與水景瀑布，大汽車塔連接各樓。
- 停車位 1,500 位。

六、台北 101 購物中心

- 地址：臺北市信義區的信義商圈。
- 捷運板南線市政府站步行約 15 分鐘。
- 商場總面積：7.5 萬平方米，共地上 5 層、地下 1 層。
- 特色：是臺灣首座國際頂級購物中心。擁有許多精品旗艦店，擁有歐式、日式、泰式、中式等各國風味美食餐廳。
- 停車位 2,800 位。

七、台北 Bellavita 寶麗廣場

- 地址：台北市信義區松仁路 28 號。
- 地鐵板南線市政府站 2 號出口。
- 商場總面積：5 萬平方米，共地上 6 層、地下 2 層。
- 特色：經營風格偏向高價位女性消費市場，被暱稱為「貴婦百貨」。擁有上百家世界級精品旗艦店，及全台第一家米其林星級法式餐廳。
- 停車位 200 位。

八、台北京站時尚廣場

- 地址：臺北市大同區承德路一段一號
  〈地下街台北車站北側〉。
- 台北車站步行約 10 分鐘可達。
- 商場總面積：2 萬平方坪，地上 4 層地
  下 3 層。
- 特色：創出百貨新概念，以「食、裝、
  趣、遊」為 4 大主題，空間採用玻璃，
  透明亮麗設計，配合環保、綠意植栽，
  給人不一樣的新鮮感受，B3 擁有歐式、
  日式、泰式、中式等各國風味美食餐
  廳，深受年青人的喜愛。
- 停車位 500 位。

九、南投寶島時代村

- 地址：南投縣草屯鎮中山路 1059 號。
- 中山高速公路下草屯交流道可達。
- 2012 / 6 開幕，預估一年有 230 萬遊客參觀。

- 廣場總面積：5 萬平方米分會館、老街、三合院、觀光市場、夜市等五區。
- 特色：懷舊主題，打造一個讓不同時代的台灣人，有著共同美好回憶的時代，從逛老街到台灣夜市、三合院辦桌及柑仔店，體驗台灣文化。
- 停車位 1,000 台。

▲以觀光懷舊的主題開創市場，開幕後大受歡迎，假日人潮擁擠車位難求。

- 台灣還有許多大型傳統百貨，如 SOGO 百貨、中友百貨、微風廣場、大統百貨…等歷史較久關係未能一一介紹。

第10章　零售業的發展趨勢

　　零售業是一個不斷變化的行業，一種新的國際設計趨勢正在顯現，即將零售、場地使用、各種活動和消費者的參與相互融合。

零售業的最新時尚流行語
混合體（Hybrid）：
　　融合生活時尚與創造體驗，將購物溶入生活，Hybrid 時代來了
- 商場型態：百貨公司購物中心化、購物中心百貨公司化
　　　　　　倉儲量販混合購物中心化
　　　　　　加強餐飲、娛樂、文化區域
- 商品結構：高品質低價位的商品組合
　　　　　　傳統與現代的商品組合
　　　　　　綜合特色產業
　　　　　　綠色有機商品抬頭
- 銷售販賣：傳統與 E 化商店並列。

01
新零售業的概念

1. 設計師不斷突破自己的思維，向富有創造性的新方案挑戰
2. 消費者期望有更新更多樣化的零售購物中心，它們是適合生活，充滿活力

的社區場所。是人們享受購物樂趣，體驗生活時尚，感受傳統與現代的娛樂、餐飲和流行趨勢的聚散地

3. 創造零售個性、時尚活動與娛樂、發揮社交功能
   (1) 購物餐飲遊樂：
       購物娛樂、樂園餐飲娛樂、健身娛樂、寓教於樂、電子商務
   (2) 社交樂趣與文化：
       推展社交樂趣，擴大社交功能。
       講述一個故事，將人們與當地文化連繫在一起，提供一個設計方案，創造出最新最富有的創意，它能把市場上所有的元素都溶入，商場不光賣商品也要推展文化。

4. 每一個成功的零售購物中心都有其獨特的個性，它確保有：
   (1) 獨特的不同點：主題 THEME
   (2) 優越的競爭力：定位 POSITION
   (3) 商場形象統一：元素 ELEMENT

5. 整體化方案包括：

商場形象統一	Market Identity
租戶專櫃的組合策略	Tenant Mix Strategy
建築設計	Architecture
室內設計	Interior Design
景觀設計	Landscape
燈光、圖語和標示	Lighting Graphics Signage
多媒體	Multi Media
促銷、廣告	Promotion Advertising
營運、管理	Management Operations

02
流通業的新趨向：

一、經濟成長後的新趨向

流通業受到經濟高度成長帶來的惠澤，所得增加，生活水準提高，導致加速促使流通業經營趨向現代化、合理化，於是各種業態相繼出現，各大型購物店和連鎖方便店、專門店大量應運而生。

二、新的商圈興起、人口結構改變、社區發展快速：

　　都市的熱鬧地區轉移，新的社區商圈不斷成長，在新的社區中需要各種商業設施，CVS 超商便利店最適合，當多社區發展後形成大商圈，則演變成大型商店的天下。

三、地鐵、捷運發展迅速

　　從城市發展到鄉村，地鐵、捷運伸展到那裡，人口就在那裡成長，流通業也同步發展到那裡，這是必然的趨勢。

四、新的消費型態：

1. 市場細分化：
   生活水準提高，不但要求品質好，價格便宜而且要多樣化，專案激增無所不有，分類越細，顧客更方便。
2. 快速買賣，高回轉的時代來臨
   大商場陳設完善，陳列講究，吸引顧客且方便顧客，由於商品好又便宜，大量出售商品也能快速回轉使大家得利。
3. 連鎖多店化發展
   大量生產＞大量販賣＞成本降低＞售價便宜＞大量生產，如此店鋪越多越大量販售，因此大型店，小型便利商店都趨向連鎖多店化。
   未來之發展：
   (1) 個性、獨特、有品味
   (2) 大眾、便宜、量販
   (3) 高品質低價位
   (4) 多店連鎖
4. 消費三極化：
   (1) 一般生活日用品、食品、必需品，朝向量購，大量便宜又好的商品大批應市，地點趨向市郊、社區、交通便利。
   (2) 講究生活品味，高度流行有個性的商品等，顧客走向百貨公司、專賣店，地點以市區交通中心為主，並引進外國等名店、名品牌，好名牌越貴銷路一樣好。
   (3) 第三勢力誕生，高品質低價位商品抬頭，不再與大賣場搶蠅頭小利，「好市多」倉儲會員店應運而生。

5. 生活情報的提供，國際化交流

不單販賣商品，同時也提供各種生活提案，使生活充滿多彩多姿的商品組合。

大量提供國際化的商品交流，讓商品多國化與本地化共存。

6. 促銷大量應用：

具有故事性、刺激性的促銷活動，大量運用在各店，使活的販賣成為各店繁榮的主力。

電子媒體全管道大量應用。

7. 網路銷售的來臨：

這是新興的銷售型式，由於工商社會大家忙碌，先生、太太都上班的情況很多，沒時間去採買，於是網路銷售應運而生，只要上網路把需要的東西一次購足，從電腦上即可選擇、付款。網路商品照樣有圖片說明，甚至打折特賣；只要你訂購，即可按照所指定的時間內送貨到達府上，不合也可退換非常方便，不必設置賣場。開始時商品以一般食品，日常生活品為主，一家大的網購店其年銷售額甚至超過大百貨公司。

新興人類電腦族興起，這是一群茶不喝、飯不吃、覺不睡的新人類。舉凡與電腦、網路有關的一切都有狂熱的喜愛與追求，網路銷售正快速成長。

8. 便利的停車場 No parking no selling

沒有停車場就沒生意，有車階級越來越多，停車成為必備的場所。

9. RFID 時代即將來臨（無線射頻辨識系統）

每當超市、大賣場尖峰時間，顧客大排長龍，為了結帳等很長時間，我們常思考如果能快速通關多好。

RFID 應運而生不久即將廣泛使用，當你推著購物車，整車一通過結帳台即刻顯示全部購買金額，不必再一一掃瞄條碼。快速結帳節省時間，這是零售業一大改革。

RFID 是採用一種能產生感應的條碼，貼在商品上能迅速反應資訊，它還可以使用在商品的進銷存與盤點，代替使用已久的 POS 系統。

RFID 可以應用到客服會員管理，其中晶片詳載會員資料，當會員進入公司即可認定及記載來店記錄，方便客服中心作出恰當的服務。

RFID 也可以隨時盤點存貨、訂貨、調貨，方便商品管理。

10. 手機購物時代來臨

利用 QR 碼〈Quick Response Code〉做促銷

QR 碼主要應用的項目可分成四類：

下載 appQR 掃瞄器軟體,即可使用手機掃瞄

(1) 提供即時訊息:

消費者用手機掃瞄商品包裝上的 QR Code,便能看到產品的資訊。

(2) 傳遞多媒體訊息:

消費者透過 QR 碼連線到下載的網頁,結合實體店鋪
的各種行銷活動。

(3) 方便購物或訂位:

消費者購物時,只須用手機掃描拍下商品目錄上的 QR
Code,就有顯示 QR 購物或訂位資訊,無收銀台的商
場應運而生。

(4) 提供折扣優惠:

利用商品提供的 QR 碼連結至交易網站,付款後系統發回 QR 碼當成
購買身分鑑別,應用於購買票券、販賣機等。

使用案例:

A.高雄夢時代和 Taipei Walker-QR 碼行銷,使顧客能經由網站及
DM 上的 QR 碼得到特別優惠。

B.台北某百貨利用在宣傳 DM上 置放 QR 碼,掃描後就會進入優惠
券專區,消費時只要出示手機螢幕上的優惠券,就可享有折扣優
惠。

C.超商的電子發票印有 QR 碼,可獲得各種行銷活動

D.高雄某精品百貨的 QR 碼的運用非常成功,拿手機掃瞄 QR 碼即可
顯示

● 找好康:主題餐廳優惠、贈送優惠

● 找 DM:節慶傳單、尊容專刊

● 找活動:贈獎活動、卡友回饋

● 找品牌:樓層、商品類

● 找時尚:時尚商品介紹

● 找地點:公司位置、交通狀況

11.環保意識抬頭及綠色有機食品的興起

新時代要有環保新觀念,環保商品及綠色有機商品,都是顧客想要的,把
最新最好的商品推介給顧客,他會對你回報。

以環保或綠色有機商品作為推動促銷活動的主題,都是受歡迎的。

12. 體驗行銷是明日銷售之星

商場用盡心思裝飾空間，其目的就是讓商場更藝術化，讓商品更美化，為吸引顧客上門，百貨公司認定讓顧客「體驗」商品，已成為商場第一要事，購物反而變成次要。 百貨必需「樂園化」，提供足夠的休閒娛樂及五感融合的好玩趣事，用以取悅顧客，引領消費者感受購物樂之外，還有精神面的慰藉。

(1) 五官體驗行銷

提供商品給顧客去試穿、試吃、試用，讓顧客體驗商品的優點而樂意購物。

(2) 虛擬體驗行銷

新的虛擬體驗設備不斷推出，E 化商店的出現，帶給顧客方便與驚喜，如上服裝店不必到試穿室，往魔鏡前一站，就能讓你體驗到各種時裝虛擬地套上身，可隨意更改尺寸、顏色花樣。

(3) 感動體驗行銷

體貼入微物超所值的服務，滿意 100 的保證與售後服務。台灣高雄「好市多」倉儲會員店推行會員百分百保險，不滿意可退會員費，購物滿意 100 活動，不滿意可退貨。

五、加強美食餐飲

美食街是近年來吸客的明星，各大商場競相引進創新獨家的餐飲名店，每天吃飯時間都一位難求，擠滿排隊人潮。許多百貨公司也紛紛改裝美食，增設異國風味餐館及品牌餐館，於節慶日以美食招待為號召。各樓增設咖啡館，成為休閒、談天的好場所。

六、加強遊樂設備

由於新時代的顧客需要有休閒的商場供他們全家來遊樂，完善安全的遊樂設施與不斷推出新奇的設備，是他們假日必到的地方。

七、引進優良品牌

百貨服飾業在網購蓬勃及國際平價品牌的衝擊下，業績漸漸表現不如預期未來將面臨更大的挑戰，不少商場開始調整服飾專櫃的面積，不斷引進優良知名品牌。

八、細緻的顧客服務

為搶顧客，零售業盡可能在細小的節眼上服務顧客：
1. 設備完善的育嬰哺乳室，嬰兒車出借
2. 華麗、乾淨衛生的洗手間，座式馬桶，殘障廁所
3. 舒適的休息處，附設飲水機
4. VIP貴賓室
5. 貴賓專門停車場，免費洗車〈購物限額優待〉
6. 設立保健護理小站
7. 設置轉運接駁車
8. 紅帽子服務員：代拿重量商品
9. 小型兒童遊樂場
10. 寄物處

九、加速與其他產業結合

零售業開始結合其他產業，許多產業紛紛推出觀光工廠、農園、漁市、寵物、汽車百貨展售、地方農特產、……等等的結合，開展生活化的園地。

十、旺電第一條：Image up 形象提昇再提昇。

創造自己的面貌與感受，許多百貨擁有自己獨特的味道，消費者容易分辨並在其中找到自己喜歡的商場。

Image up 形象提昇：
1. 外觀美化，多變化
2. 櫥窗、VP點、店內裝飾
3. 多舉辦國內外活動、社會公益活動
4. 多項服務，顧客稱心滿意
5. 市民的藝文、遊樂中心，讓顧客除購物外也能感受商場的藝文之美。
6. 商品美而廉，嚴禁偽虐商品
7. 知名餐館、食品店進駐，擴大美食街，餐飲佔全店不斷提高
8. 新型遊樂設施不斷增加，吸引顧客全家來店

十、保持 No.1 的賣點

1. 商品的賣點：好商品、新鮮感、陳列、裝飾、熱絡、豐富

2. 賣場的賣點：乾淨、舒適的賣場與空間
3. 外觀的賣點：亮麗、熟悉、親和，必要時的賣場自身拉皮
4. 服務的賣點：有良好儀表、整齊有型的制服、各方面細緻體貼的服務
5. 專業的賣點：讓顧客買得放心，吃得安心，用得稱心。

03
開始觸電：零售業開始邁向虛實結合全管道的電子商務時代

一、認識電子商務〈線上虛擬商店交易平台〉

1. B2B〈Business to Business〉：
   企業或供應商間透過電子網路相互進行商品、服務、訊息等的電子商務交易平台。

2. B2C〈Business to Consumer〉：
   企業或供應商透過電子網路對消費者提供商品、服務、訊息等的電子商務交易平台。

3. C2C〈Consumer to Consumer〉：
   C2C 就是個人與個人之間的電子商務。如一個消費者有一台手機，通過 C2C 網路交易平台，把它賣給另外一個消費者，此種交易行為謂之 C2C 電子商務。

4. O2O〈Online to Offline〉：
   即線上虛擬商店到線下商店的交易平台。
   線上虛擬商店提供商品行銷、宣傳、推廣，將客流引到線下合作實體商店去消費體驗實現交易，也就是讓用戶線上支付購買線下的商品和服務後，到線下去享受服務。
   將來可能成為 OAO（Online and Offline）線上線下互通不分。
   O2O 的消費者在線上接收到信息，透過下單支付購買，然後到現場獲得服務，這是客流，B2C的消費者待在辦公室或家裡下單，等貨上門，涉及物流。

5. F2F〈Factory to Family、Face 2 Face〉：
   工廠產品直接透過電子網路對家庭進行商品行銷、宣傳、推廣

6. Gilt Groupe〈E-mail〉鍍金會員商業模式

要有人推薦才能「加入會員」才能「買」，一旦加入會員，你就不必上網站了，準備「收 email」即可。

阿里巴巴所屬的「支付寶」線上電商交易過程

上網選購商品：

1. 線上交易〈虛擬商店 ON LINE〉
   (1) 支付寶擔保交易→付款給支付寶→通知廠家發貨→確認收貨無誤→支付寶付款給廠家→交易成功
   (2) 預存款交易→使用預存款付款→賣家聲明發貨→交易成功
2. 線下交易〈實體商店 OFF LINE〉
   (1) 線上提供商品服務→付款給支付寶→到線下消費體驗→交易成功
   (2) 線上提供商品服務→到線下消費體驗→QRCODE 付款→交易成功
   (3) 線上提供商品服務→到線下消費體驗→優惠付款→提貨或配送到達
3. 阿里巴巴是世界最大的 B2B、B2C 電子商務交易平台

二、零售業開始觸電

時代在變顧客在變，零售業當然也要變。

過去「以產品和實體店為主」的零售模式將轉變為「以顧客和電子商務為主」的消費新模式。零售業的未來，消費者利用網路及手機消費，成為購物的一環。順應消費者的改變，零售業不得不重視電子商務的發展；利用網路購物的特性，提供消費者更有價值的行銷，以避免被時代的潮流淹沒。因此有些知名的商業集團，紛紛將自己的實體店與線上電子商務結合起來，進行 O2O 電子商務的新模式。某些商場自己增設電子商務，限於投資大時間漫長，但終究還是要辛苦建立屬於自己獨家的特色。像 IKEA、COSTCO、UNIQLO 都擁有自己大量忠實的粉絲會員。

三、零售百貨對應電商的三支箭

1. 樹頭站乎穩，不怕樹尾做風颱
   (1) 賣場自身的拉皮、瘦身，打好基礎，做好親切服務：
       面臨來自電子商務或折價店的強大競爭，開始自身改善措施，積極改裝商場內外觀或擴增、調整賣場。
       日本的百貨業龍頭伊勢丹 2014 年投入鉅資，完成東京新宿總店的外

裝拉皮及內部調整。

新時代零售業面臨電商嚴厲的挑戰，市場變化劇烈，唯一不變的是發現和引導顧客需求，打好本身的組織、管理及制度，以各種方式持續維持消費者對品牌的忠誠度。

未來以顧客需求為中心的是行銷，它是活的、動態的，行銷部門調查研究顧客的需求，營運部門調整賣場的佈局，招商部門招來優良品牌，整體營運以行銷為首，帶動商場活絡。

回歸本源，顧客還是認定實體店是享受購物樂趣的文化商業中心，是購物、社交、休閒、娛樂的好地方，如今商場營運正在順應這一變化，打造新的購物園地，營造出輕鬆的社交生活氛圍。

美國梅西百貨也進行徹底的組織改革，將所有的管道管理歸在行銷部門下，讓促銷活動一體化。

新的規劃構想將在場內增加更多的露臺、桌子、長椅和植被等休閒空間，營造一種濃郁的社交文化氛圍。讓消費者們在購物時，添加更多的相互交談與社交的機會，而非一家接一家逛街的傳統購物模式。

(2) 創造智慧零售（Smart Retailing）：

自主品牌，滿足購物需求和期望。

情感體驗，滿足心理需求和期待。

建立強力的採購部門，發展自家獨特明星商品，有別於傳統的零售經營模式。日本伊勢丹百貨擁有上千家特約廠商，專提供具有伊勢丹獨家特色的商品；廠商有伊勢丹合約計劃生產的保證，放心提供產品。反觀國內一般百貨商場只求廠家設櫃，收租金或抽取傭金，造成商品普遍化，引發打折、送金的割喉戰。

寬暢舒適的商場，彙集了國內外知名的生活類品牌產品、獨家特色商品，包括日用品、五金餐廚、數位產品、文具、精緻服飾、裝飾品等多種原創與時尚商品，滿足消費者個性需求，亦讓消費者在購物時感受到觸覺、視覺體驗的樂趣，這是電商所無法比擬的感官體驗。

獨特創意和企劃能力、經驗豐富的貨品採購人（BUYER）從工廠直接購入方式，販賣獨家特色商品，都是成功的因素。

美日知名百貨都擁有高比例自家特約廠家。

2. 以彼之術還彼之身：

電商的興起不代表實體店的滅亡。

開始接觸電子商務投資 IT 系統，結合店鋪原有資源和建立電子商務系

統。

顧客在網路上蒐尋貨品時，能快速找到顧客需要的商品。

大潤發電商「飛牛網」即將推出。

好市多 COSTCO、UNIQLO、IKEA 皆擁有數十萬的粉絲會員。

有些商業集團自己發展電子商務，如日本 7&i 是大零售商，它宣佈 2014
年起整合相關網路資源，把集團內零售事業——包含 SOGO 百貨、西武
百貨、伊藤洋華堂超市與 7-ELEVEN 便利商店等零售通路，讓消費者可
透過手機、網路、型錄等全管道零售通路，取得商品資訊與購物，該零售
集團利用既有實體通路，提供消費者更滿意的快捷服務。

3. 未來零售業發展的趨勢：時代在變顧客在變，零售業也要變。

未來零售業的銷售管道：全方位管道
單一管道零售→多管道零售→全管道零售
單一管道零售（Simple-channel retailing）
多管道零售（multi-channel retailing）
全管道零售（Omni channel retailing）
「OMNI-CHANNEL」（全方位管道）販賣策略

全管道零售是指零售業採取多零售管道方式，來滿足顧客的需求。

不論實體或網路，全管道策略重視的是要用所有可能的管道，利用本身線
上線下所有資源，進行整合跨管道銷售的行為，以滿足顧客購物、娛樂和
社交的綜合體驗需求。

全管道包括有形實體商店和虛擬商店（直銷、郵購、電視購物、虛擬商
場、手機商店），以及電子媒體（網站、社交媒體、E-mail、QR Code）
等等，將來消費者可以透過管道，隨時隨地快樂地購物，選擇全管道組
合，才是今後零售商成功的關鍵。

(1) Web1.0 時代：
    是把人和電腦聯繫在一起，電子商務公司、網上商店零售。

(2) Web2.0 時代：
    是把人和人聯繫在一起的社交的網路，社交網站公司、社交網站零
    售。

(3) Web 3.0 時代：
    有雲端海量的資料，大資料獲取、分析及應用，包括傳統媒體如目
    錄、DM、報刊、電話、電視及電臺等。電子行銷如網上商店、手

機、EMAIL、Face Book、短信及社交網等。傳統零售商據「全管道」，進入「全管道零售」時代。

網購的優點在於：選擇範圍廣，易於搜索，購物方便，價格便宜且好比較。

實體店的好處是面對面的個人服務，顧客能夠觸摸商品，把購物當成一種樂趣。

實體商場要與電商結合主要有兩種方式，一種是實體百貨自己做，另一種是與其他優質電商"強強聯手"，和專業電商合作目前還有很多困難尚待解決。

4. 商品分類從垂直改用橫式的分類：

將以前縱式的商品分類規劃，改為橫式的相關商品規劃，不再按商品品類進行商品分類。而是根據顧客生活習慣，成立一個又一個的主題館，營造顧客熟悉的生活場景，讓顧客融入景中，創造出另一番令人期待的景象。更多生活服務配套設定將給人驚喜，為顧客創造出一個充滿故事的賣場。你可以在同一樓層中設立一個主題館，稱為「美麗館」。買齊時尚服飾、鞋包、化妝品、洗髮水及電吹；如果想為寶寶購物，另一個「兒童主題館」可以讓你選購童裝、玩具、遊樂、嬰兒洗護用品……；設立「健康生活」主題館，舉凡保健、藥局、醫療用品，還可以分出高血壓、糖尿病、銀髮族專區；設立「新知文化」主題館，包括圖書、影音、3C、藝文中心、展覽館、文創等等。

做出日常對美好生活的追求與嚮往，我們要讓整個賣場充滿新意，更加愉快。

編後記

1. 大商場開幕後經營艱苦，投資大開銷大，頭幾年回收慢壓力大，細水長流 2、3 年後會開始盈收。如順利經營則財源滾滾，因此經營者要沉著，不斷改善調整必定成功。
2. 大型商場成功總結要點：
   - 選擇好的地點
   - 引進好的品牌、廠商
   - 提昇餐飲、遊樂
   - 不斷推出活動
   - 細緻的顧客服務
   - 完善的管理制度、福利制度
   - 利用市場調查，除收取資料外可傳播開店消息，讓大家期待。
   - 建設期間建築物外牆美化做廣告，有很大的收益，幾乎所有商場都忽略了。
   - 不斷利用媒體做軟文報導，如記者會、聯誼會、獨家採訪、政府上級來訪、敦親睦鄰活動、專家講談、……等。
   - 強調環保、有機、綠色有機，讓顧客信賴，買得開心，用得放心且吃得安心。
3. 踏實經營不追求浮華大氣，不亂開支票。
4. 親切服務顧客、尊重廠商共維商益、照顧員工。
5. 多激發右腦潛能的智慧去開展商業，行銷有如大圖庫，善用圖檔，尤其是站在商場第一線上，需要許多國內外可供學習的參考資料。一張好用的照片抵得上一篇文章，圖片容易領會瞭解。
6. 邀請專家來店培訓，讓員工多考察，不斷吸引新資訊。
7. 多培養優秀的員工是公司最大的財產，不必害怕被挖角而使全公司充滿庸才。

五南圖解財經商管系列

※ 最有系統的圖解財經工具書。
※ 一單元一概念,精簡扼要傳授財經必備知識。
※ 超越傳統書籍,結合實務精華理論,提升就業競爭力,與時俱進。
※ 內容完整,架構清晰,圖文並茂.容易理解.快速吸收。

圖解財務報表分析
/ 馬嘉應

圖解會計學
/ 趙敏希、
馬嘉應教授審定

圖解經濟學
/ 伍忠賢

圖解貨幣銀行學
/ 伍忠賢

圖解國貿實務
/ 李淑茹

圖解財務管理
/ 戴國良

圖解行銷學
/ 戴國良

圖解管理學
/ 戴國良

圖解企業管理(MBA學)
/ 戴國良

圖解領導學
/ 戴國良

圖解品牌行銷與管理
/ 朱延智

圖解人力資源管理
/ 戴國良

圖解物流管理
/ 張福榮

圖解策略管理
/ 戴國良

圖解網路行銷
/ 榮泰生

圖解企劃案撰寫
/ 戴國良

圖解顧客滿意經營學
/ 戴國良

圖解企業危機管理
/ 朱延智

圖解作業研究
/ 趙元和、趙英宏、
趙敏希

五南文化廣場

橫跨各領域的專業性、學術性書籍
在這裡必能滿足您的絕佳選擇！

五南全國展售門市

【逢甲店】 【台大店】 【海洋書坊】 【嶺東書坊】 【環球書坊】 【台中總店】 【高雄店】 【屏東店】

海洋書坊：202 基 隆 市 北 寧 路 2號 TEL：02-24636590　FAX：02-24636591
台 大 店：100 台北市羅斯福路四段160號 TEL：02-23683380　FAX：02-23683381
逢 甲 店：407 台中市河南路二段240號 TEL：04-27055800　FAX：04-27055801
台中總店：400 台 中 市 中 山 路 6號 TEL：04-22260330　FAX：04-22258234
嶺東書坊：408 台中市南屯區嶺東路1號 TEL：04-23853672　FAX：04-23853719
環球書坊：640 雲林縣斗六市嘉東里鎮南路1221號 TEL：05-5348939　FAX：05-5348940
高 雄 店：800 高 雄 市 中 山 一 路 290號 TEL：07-2351960　FAX：07-2351963
屏 東 店：900 屏 東 市 中 山 路 46-2號 TEL：08-7324020　FAX：08-7327357
中信圖書團購部：400 台 中 市 中 山 路 6號 TEL：04-22260339　FAX：04-22258234
政府出版品總經銷：400 台 中 市 軍 福 七 路 600號 TEL：04-24378010　FAX：04-24377010
網 路 書 店　http://www.wunanbooks.com.tw

專業法商理工圖書・各類圖書・考試用書・雜誌・文具・禮品・大陸簡體書
政府出版品總經銷・中信圖書館採購編目・教科書代辦業務

職場專門店書系

圖解山田流的生產革新

薪水算什麼？機會才重要！

圖解經濟學：最重要概念

培養你的職場超能力

主管不傳的經理人必修課

打造 No.1 大商場

超強房地產行銷術

圖解式成功撰寫行銷企劃案

優質秘書養成術

面試學

國家圖書館出版品預行編目資料

打造NO.1大商場 ／ 鄭麒傑著. －－二版.
－－臺北市：書泉, 2014.07
　面；　公分
ISBN 978-986-121-928-8（平裝）
1.購物中心 2.商店管理
498.75　　　　　　　　　　103009768

3M61

打造NO.1大商場

作　　　者－鄭麒傑
發 行 人－楊榮川
總 編 輯－王翠華
主　　　編－張毓芬
責任編輯－侯家嵐
文字編輯－吳育禎
封面設計－盧盈良
內文排版－張淑貞
發 行 者－書泉出版社
地　　　址：106 台北市大安區和平東路二段 339 號 4 樓
電　　　話：(02)2705-5066
傳　　　真：(02)2706-6100
網　　　址：http://www.wunan.com.tw/shu_newbook.asp
電子郵件：wunan@wunan.com.tw
劃撥帳號：01303853
戶　　　名：書泉出版社
台中市駐區辦公室／台中市中區中山路 6 號
電　　　話：(04)2223-0891
傳　　　真：(04)2223-3549
高雄市駐區辦公室／高雄市新興區中山一路 290 號
總 經 銷：朝日文化事業有限公司
電　　　話：(02)2249-7714　傳　　　真：(02)2249-8716
地　　　址：235 新北市中和區橋安街 15 巷 1 號 7 樓
法律顧問　林勝安律師事務所　林勝安律師
出版日期　2014 年 3 月初版一刷
　　　　　　2014 年 7 月二版一刷
定　　　價　新臺幣 630 元